典型机械维护与检修

（学生用书 I）

DIANXING JIXIE WEIHU YU JIANXIU
XUESHENG YONGSHU I

主　编　陈　伟
副主编　王开林
参　编　陆赛菊　洪丽苹
主　审　邓开陆

U0190619

重庆大学出版社

内容提要

本书以实际工程应用和中职教学的需要为重点,内容涉及设备维护与检修基本知识;离心泵的维护与检修;液压设备维护与检修;活塞式空气压缩机的维护检修;螺杆式空气压缩机的维护检修5个项目,介绍相关工厂机械设备装置的结构、工作原理、实际应用和故障检测。使学生掌握工厂典型机械设备的结构原理和维护检修基本技能,初步形成解决生产现场实际问题的应用能力。

图书在版编目(CIP)数据

典型机械维护与检修(学生用书Ⅰ)/陈伟主编.—重庆:重庆大学出版社,2014.8(2018.1重印)

国家中等职业教育改革发展示范学校建设系列成果

ISBN 978-7-5624-8334-2

Ⅰ.①典… Ⅱ.①陈… Ⅲ.①机械维修—中等专业学校—教材 Ⅳ.①TH17

中国版本图书馆 CIP 数据核字(2014)第 153100 号

典型机械维护与检修(学生用书Ⅰ)

主 编 陈 伟
副主编 王开林
主 审 邓开陆
策划编辑 鲁 黎

责任编辑:陈 力 版式设计:杨粮菊
责任校对:邹 忌 责任印制:赵 晟

*

重庆大学出版社出版发行
出版人:易树平
社址:重庆市沙坪坝区大学城西路 21 号
邮编:401331
电话:(023) 88617190 88617185(中小学)
传真:(023) 88617186 88617166
网址:http://www.cqup.com.cn
邮箱:fxk@ cqup.com.cn(营销中心)
全国新华书店经销
POD:北京虎彩文化传播有限公司

*

开本:787mm×1092mm 1/16 印张:7 字数:175 千
2014 年 8 月第 1 版 2018 年 1 月第 2 次印刷
ISBN 978-7-5624-8334-2 定价:19.50 元

编审委员会

前　言

  课程建设与改革是提高教学质量的核心,也是教学改革的重点和难点。结合国家中等职业学校示范校建设任务,我校机械工程专业组织编写了这套专业教材。主要包括"维修钳工"专业知识,包括"机械修理工艺与技能训练""典型机械维护与检修""机械装配工艺与技能训练""机械设备维护与检修"4门课程。

  编者在编写前进行了长时间、广泛的调研,总结了"机械设备安装与维修"专业的典型工作任务,吸收煤炭、化工、冶金、制造等行业的机械设备维修理论和实际运用技术,按照基于工作过程、工学结合的教学要求,在编写过程中,力求教材内容、教学形式的多样性和结合工作实际突出实际操作。全书共有5个学习项目21个学习任务。每个学习任务包括"知识目标""技能目标""任务引入""主要知识内容""任务实施""知识拓展"和"技能拓展"。本书另外配有学生学习任务配套教材,每个学习项目配有"学习任务""问题引导"和"项目测试评价",内容包括知识试题和过程评价标准表。学习项目和学习任务的设置力求符合现代企业的工作需求,按照"明确任务—计划准备—实施—检查—评估"的行动模式,每个任务基于相对完整的工作过程,内容安排力求简洁和具有可操作性。本书是中等职业学校机械类专业的教学用书,也可供从事机械设备维修人员参考。

  本书由陈伟任主编,王开林任副主编,陆赛菊、洪丽苹担任参编,由邓开陆主审。其中学习项目1、3由陈伟编写,项目2由王开林编写,项目4由陆赛菊编写,项目5由洪丽苹编写。最后由王开林同志根据企业生产实际统修订稿。

  本书在编写的过程中得到了各位领导的悉心指导,得到了机械工程教研组其他老师的支持和帮助,在此表示衷心的感谢。

  由于编者水平有限,书中难免有不妥之处,恳请读者批评指正。

编　者

2014年3月

目　录

项目 1

机械设备维护保养基础知识

任务 1.1　熟悉设备的润滑保养制度

 ●**知识目标**

1. 掌握设备保养的要求与主要内容。
2. 掌握我国现行的设备三级保养制度。
3. 了解使用维护要求和提高设备维护水平的措施。

 ●**技能目标**

1. 会给机床正确加注润滑油。
2. 会规范擦拭、保养机床。

 ●**任务引入**

设备在现代工业企业的生产经营活动中居于极其重要的地位。为延长设备的使用寿命,保持设备良好的技术状况,需要做好设备的维护保养工作,使设备经常保持整齐、清洁、润滑和安全。

1. 具体任务

根据维护管理制度为摇臂钻床进行周例保。

2. 任务分析

掌握设备的一般维护管理规定,参考其使用维护说明书并结合实际情况进行设备的周例保,确定具体的保养工作内容并逐项进行。

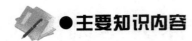 **●主要知识内容**

一、设备的维护保养

通过擦拭、清扫、润滑、调整等一般方法对设备进行护理,以维持和保护设备的性能和技术状况,称为设备维护保养。

1. 设备维护保养的要求

设备维护保养的要求主要有4项。

①清洁。设备内外整洁,各滑动面、丝杆、齿条、齿轮箱、油孔等处无油污,各部位不漏油、不漏气,设备周围的切屑、杂物、脏物要清扫干净。

②整齐。工具、附件、工件(产品)要放置整齐,管道、线路要有条理。

③润滑良好。按时加油或换油,不断油,无干摩擦现象,油压正常,油标明亮,油路畅通,油质符合要求,油枪、油杯、油毡清洁。

④安全。遵守安全操作规程,不超负荷使用设备,设备的安全防护装置齐全可靠,及时消除不安全因素。

2. 设备的维护保养内容

设备的维护保养内容一般包括日常维护、定期维护、定期检查和精度检查,以及设备润滑和冷却系统维护。设备维护应按照设备维护规程进行,设备维护规程是对设备日常维护方面的要求和规定,坚持执行设备维护规程,可以延长设备使用寿命,提供安全、舒适的工作环境。其主要内容及要求包括以下内容。

①设备要达到整齐、清洁、坚固、润滑、防腐、安全等要求,作业内容、作业方法、使用的工、器具及材料达到应有标准,符合注意事项要求。

②日常检查维护及定期检查的部位、方法符合标准。

③检查和评定操作工人维护设备程度的内容和方法等。

二、设备的三级保养制度

三级保养制度是我国20世纪60年代中期开始,在总结苏联计划预修制度在我国实践的基础上,逐步完善和发展起来的一种保养修理制度。它体现了我国设备维修管理的重心由修理向保养的转变,反映了我国设备维修管理的进步和以预防为主的维修管理方针更加明确。三级保养制度的内容包括:设备的日常维护保养、一级保养和二级保养。

1. 设备的日常维护保养

设备的日常维护保养,一般分为日保养和周保养,又称日例保和周例保。

(1)日例保

日例保由设备操作工人当班进行,要求认真做到:

①班前消化图样资料、检查交接班记录、擦拭设备、按规定润滑加油4件事。

②班中注意运转声音、设备的温度、压力、液位、电气、液压、气压系统,仪表信号、安全保险是否正常。

③班后关闭开关,所有手柄放到零位,清除铁屑、脏物,擦净设备导轨面和滑动面上的油污并加油;清扫工作场地,整理附件、工具;填写交接班记录和运转台时记录,办理交接班手续。

(2)周例保

周例保由设备操作工人在每周末进行,保养时间为:一般设备2 h;精、大、稀设备4 h。保养内容包括:

①外观。擦净设备导轨、各传动部位及外露部分,清扫工作场地,达到内外洁净无死角、无锈蚀,周围环境整洁。

②操纵传动部位。检查各部位的技术状况,紧固松动部位,调整配合间隙;检查互锁、保险装置,达到传动声音正常、安全可靠。

③液压润滑。清洗油线、防尘毡、滤油器,给油箱添加油或换油;检查液压系统,达到油质清洁,油路畅通,无渗漏,无刮伤。

④电气系统。擦拭电动机、蛇皮管表面;检查绝缘、接地,达到完整、清洁、可靠。

2. 一级保养

一级保养是以操作工人为主,维修工人协助,按计划对设备局部拆卸和检查,清洗规定的部位,疏通油路、管道,更换或清洗油线、毛毡、滤油器,调整设备各部位的配合间隙,紧固设备的各个部位。一级保养所用时间为4~8 h,一级保养完成后应做记录并注明尚未清除的缺陷,由车间机械员组织验收。一级保养的范围应是企业全部在用设备,对重点设备更应严格执行。一级保养的主要目的是减少设备磨损、消除隐患、延长设备使用寿命,为完成到下次一级保养期间的生产任务在设备方面提供保障。

3. 二级保养

二级保养是以维修工人为主,操作工人参加来完成。二级保养列入设备的检修计划,对设备进行部分解体检查和修理,更换或修复磨损件,清洗、换油、检查修理电气部分,使设备的技术状况全面达到规定设备完好标准的要求。二级保养所用时间为7 d左右。

二级保养完成后,维修工人应详细填写检修记录,由车间机械员和操作者验收,验收单交设备动力科存档。二级保养的主要目的是使设备达到完好标准,提高和巩固设备完好率,延长大修周期。

三级保养制度突出了维护保养在设备管理与计划检修工作中的地位,把对操作工人的要求更加具体化,提高了操作工人维护设备的知识和技能。三级保养制度突破了苏联计划预修制的有关规定,改进了计划预修制中的部分缺点,使方案更切合实际。在三级保养制的推行中还学习、吸收了军队管理武器的一些做法,并强调了群管群修。三级保养制度在我国企业取得了良好的效果和经验,由于三级保养制度的贯彻实施,有效地提高了企业设备的完好率,降低了设备事故率,延长了设备大修理周期、降低了设备大修理费用,取得了较好的技术经济效益。

三、提高设备维护水平的措施

为提高设备维护水平应使维护工作基本做到"三化",即规范化、工艺化和制度化。规范化即是使维护内容统一,哪些部位该清洗、哪些零件该调整、哪些装置该检查,要根据各企业情况按客观规律加以统一考虑和规定。工艺化就是根据不同设备制订各项维护工艺规程,按规程进行维护。制度化就是根据不同设备、不同工作条件,规定不同维护周期和维护时间,并严格执行。对定期维护工作,要制订工时定额和物质消耗定额并要按定额进行考核。设备维护工作应结合企业生产承包责任制进行考核,同时,企业还应发动群众开展专群结合的设备维护工作,积极进行自检、互检,开展设备大检查。

●任务实施

为摇臂钻床进行周例保,完成下列工作。

①外观。擦净设备导轨、各传动部位及外露部分,清扫工作场地。达到内外洁净无死角、无锈蚀,周围环境整洁。

②操纵传动。检查各部位的技术状况,紧固松动部位,调整配合间隙;检查互锁、保险装置,达到传动声音正常、安全可靠。

③润滑。检查主轴箱油池,如低于中线加注10号机油,用油壶给摇臂导轴(润滑点2)加注50号机油,用油壶给摇臂升降丝杆(润滑点3)加注50号机油,用油刷给立柱夹紧套表面(润滑点4)刷二硫化钼油剂,润滑部位如图1-1所示。

④电气系统。擦拭电动机、蛇皮管表面,检查绝缘、接地,达到完整、清洁、可靠的目的。

⑤检查冷却系统,如需要则更换冷却液。

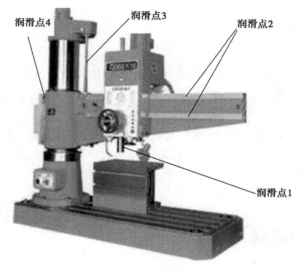

图1-1　钻床润滑点

掌握车床的日保养,了解车床的结构功能。

任务 1.2　熟悉设备检修管理过程

1.掌握设备检修的过程、内容及要求。
2.了解设备检修的技术状态指标。

能够规范地做好摇臂钻床检修前的准备工作。

 **●任务引入**

设备的检修是指对使用过程中的设备进行检查和校验运行情况、工作性能和磨损程度,全面掌握设备的技术状况变化,再针对检查发现的问题排除故障,修复劣化部分,恢复设备的性能。

设备检修工作主要包括:设备的检查与故障诊断;设备的修理;设备的维护保养。本任务具体任务是:设定钻床进给机构损坏,需要进行项目修理,模拟进行检修前的工具、器材、场地等的准备工作,写出检修工作计划。

 ●主要知识内容

一、设备检修的过程

1.机器设备检修前的准备阶段

机器设备检修前要做好充分的准备工作,确保检修过程的安全和顺利进行。

(1)建立健全检修组织机构,进行施工前的安全教育

目前大多数企业一般性停车检修,检修机构是动力部门,即由企业动力部门组织协调进行检修;全部性停车大检修则需要建立专门的权威机构进行统一的协调组织。同时要进行安全教育,提高参与人员和部门的安全意识,进行施工项目交底,确定施工项目内容和项目负责人,要采取的具体安全技术措施及安全负责人等。

(2)落实检修计划与安全技术措施,制订安全施工方案

对提出的检修项目,由动力部门组织组织生产、机动、安全、供应以及设备所属车间参加的讨论审核会。审核检修计划中的项目、内容、要求、人员分工、安全措施、检修深度、检修方法、施工进度计划、项目负责人、竣工验收要求等。讨论结果经上级批准后公布执行,并根据检修内容及深度,由项目负责人制订具体施工方案。

(3)机具的准备与检查

①机具的准备

根据检修施工内容,理出机具清单逐项落实,没有的要向库管员申请借用,或者提出采购申请。

②机具的检查内容包括:各种机具传动部分的安全防护装置是否完好;各种起重运输机械是否有连锁开关及超载、回转、卷扬、行程控制等安全装置,安全装置是否完好,特别是其制动部分是否完好;常用的起重工具,如葫芦、千斤顶、卷扬机等均应逐一进行检查校验,确保完好可靠。此外,还要注意以下几方面:

a.检修用脚手架、跳板等应符合安全要求。

b.检修用电器设备、电动工具要导线绝缘良好,外壳接地。

c.焊接工具安全,附件良好,摆放符合要求。

（4）检修场地布置的安全要求

在检修前应根据方便施工,保证安全的原则合理地进行现场布置,一般的布置原则如下:

①检修指挥部、休息室、作业工棚、机具及材料临时堆放等符合安全防火要求,重点部位应当设置警示牌。

②检修现场的道路必须保持通畅。

③检修现场的危险区域应设警示标志、警示绳等。

④现场要有足够的照明,电线架设符合要求。

⑤检修备用品、机具、设备堆放整齐、安全和清洁。

⑥现场必须配备必要的消防、消毒器材。

⑦现场的易燃、易爆、有毒有害物品的管理安全规范。

⑧设备检修前的工艺处理合格,保证安全检修的主要工艺内容有:停车、断电、泄压、降温、抽堵盲板、通风、置换、介质残留物的排放清洗等。

2.修理施工阶段

设备修理的工作过程一般包括修前准备、拆卸、清洗、检测检定、修复或更换零部件,领取、清点零件、装配、调整、检验和试车、验收等步骤。

3.修后验收阶段

设备大修后,质量管理部门和设备管理部门应组织设备使用部门和维修部门有关人员,按照"设备修理技术标准"和"设备修理任务书"的质量要求对设备进行检查验收,验收合格后办理移交手续。设备移交生产部门后,应有一定的保修使用期。同时设备修理后,应记录对原技术资料的修改情况和修理中的经验教训,做好修理工作小结,与原始资料一起归档,以备下次修理时参考。

二、设备的检查

1.按照检查的时间间隔分为日常检查和定期检查

（1）日常检查

日常检查是指操作工人每天对设备进行的检查。

（2）定期检查

定期检查是指在操作工人的参与下,由专职的检修工人按计划定期对设备进行检查。定期检查周期已经有规定的,按照规定进行;没有具体规定的,一般按照每个季度检查一次,最少要半年检查一次。

2.按照技术功能分为机能检查和精度检查

（1）机能检查

机能检查是指对设备的各项机能进行检查和测定,如检查是否漏油、防尘、密封性及老化、腐蚀情况等。

（2）精度检查

精度检查是指对设备的实际加工精度进行的检查和测定,其作用是确定设备精度的劣化程度。

衡量设备综合精度的指标有设备能力系数和设备精度指数两种。

①设备能力系数 C_m

$$C_m = \frac{T}{8\sigma_m}$$

式中　　T——在该设备上加工的代表工件公差带;

　　　　σ_m——设备的标准偏差;

　　　　C_m——判断设备需不需要修理的标准,当 $C_m>1$ 时,表示设备的综合精度能满足生产工艺要求,不需要修理,反之 $C_m<1$ 时,表示该设备已经不能满足生产工艺要求,需要进行修理。

②设备精度指数 T_m

$$T_m = \sqrt{\frac{\sum\left(\dfrac{T_p}{T_s}\right)^2}{n}}$$

式中　　T_p——实测精度值;

　　　　T_s——允许精度值;

　　　　n——测定的精度项目。

$T_m \leq 0.5$ 为新机床的验收条件;$T_m \leq 1$ 为机床大修后的验收条件;$1<T_m \leq 2$ 表示机床可以使用,但须注意调整;$2<T_m \leq 3$ 表示设备须进行项目修理或者重点修理;$T_m>3$ 表示设备应进行大修或者更新。

三、设备维修管理

机械设备的修理是指修复由于正常或不正常的原因造成的设备损坏和精度劣化,更换已经磨损、老化、腐蚀的零件,使设备得到恢复的过程。设备修理工作有事后修理和预防性计划修理之分,按照修理程度和工作量的大小,一般可以分为小修、中修和大修。

1. 小修

小修即对设备进行修复,更换部分磨损较快和使用期限小于等于修理间隔期限的零件,调整设备的局部机构,以保证设备能正常运转到下一次计划修理时间。小修时,要对拆下的零件进行清洗,将设备外部全部擦拭干净,小修一般由车间维修工人在生产现场执行。

2. 中修

中修即对设备进行部分解体,修理或者更换部分主要零件与基准件,修理使用期限小于或等于修理间隔期的零件。中修时要对机床导轨、床鞍、工作台、横梁、立柱、滑块等零件的摩擦面进行刮研,刮研面积约占总面积的 30%。中修的要求是:校正坐标,恢复设备的规定精度、性能及功率;其中个别难以恢复精度的项目,可以延至下一次大修时恢复;设备的非工作表面要打光后涂漆。中修的大部分工作由专职维修工人在生产现场进行,个别要求较高的项目由专门的机修(动力)车间完成。中修后,质量管理部门和设备管理部门要组织相关人员根据维修技术任务书的规定和要求进行验收,验收合格后办理交接手续。

项目修理是根据设备的技术状态,对设备中精度、性能达不到工艺要求的某些项目或部件,按需要进行有针对性的修理。修理时,一般要进行部分解体、恢复或更换磨损零件,必要时进行局部刮研,校正坐标,使设备达到应用的精度和性能。

3. 大修

大修针对的是长期使用的机械设备,为了恢复原有的精度、性能和生产效率而进行的全面修理。大修时需要将设备全面拆卸分解,进行磨削或刮研,修理基准件,恢复或更换所有磨损、腐蚀、老化等已经丧失工作性能的主要零部件,更换数量一般达到 30% 以上。设备大修后的技术性能要求恢复到初期的工作能力,达到设备出厂精度或者相关的设备精度检验标准;外观方面,要求全部内外打光、刮腻子、刷底漆和喷漆。一般设备大修时,可拆离基础,运往动力车间(机修车间)修理,但是大型的精密设备一般不可拆离,需在现场进行大修。设备大修后,质量管理部门和设备管理部门应组织设备使用部门和维修部门有关人员,按照"设备修理技术标准"和"设备修理任务书"的质量要求对设备进行检查验收,验收合格后办理移交手续。

四、设备修理后的技术状况指标

机械设备修理后的技术指标有:设备完好率、设备精度指数、设备故障停机率及故障频率等。

1. 设备完好率

设备完好率是指工业企业中完好机械设备的台数与设备总台数的百分比,一般按照主要生产设备计算。

$$设备完好率 = \frac{完好设备台数}{设备总台数} \times 100\%$$

2. 设备精度指数 T_m

设备精度指数如前述,允许的 T_m 为 $0.5 \sim 1$。

3. 设备故障停机率

$$设备故障停机率 = \frac{设备故障停机时间}{设备运行时间} \times 100\%$$

4. 故障频率

$$故障频率 = \frac{故障次数}{设备运行时间}(单位次数/单位时间)$$

五、机械设备的寿命

机械设备的寿命包括 3 种属性不同的寿命,即物质寿命、技术寿命和经济寿命。

设备的物质寿命是指从设备开始使用,到一定时期后丧失使用功能,且已无修理价值,将设备报废所经过的时间。

设备的技术寿命是指从设备开始使用,其间随着科学技术的发展,新技术不断涌现导致该设备技术落后而不得不淘汰所经过的时间寿命。

设备的经济寿命是指从设备开始使用到后期继续使用该设备导致经济效益下滑,甚至没有综合效益的时间。

六、设备的折旧

1. 设备折旧的概念

设备在使用过程中,经过消耗,其性能降低,生产成本增加,把增加的这部分成本称为设备的折旧。从另一个角度来说,在生产过程中,设备受到磨损,设备的价值逐步转移到产品中去,成为产品成本的一部分,因而从产品的销售收入中收回这部分资金,称为设备的折旧基金。折旧基金作为企业固定资产再生产资金的来源之一,用于设备的更新和技术改造。

2. 折旧制度和折旧方法

(1)折旧制度

折旧制度的核心是确定合理的折旧率,使之客观反映设备磨损情况,与设备的实际损耗基本相符。合理的折旧率一方面是正确计算生产成本的依据;另一方面也是促进科学技术进步,保证企业正常生产,促进设备更新换代的重要措施。

(2)折旧方法

设备的折旧方法主要有如下几种:

①线折旧法。包括平均年限法、工作时间折旧法、产值折旧法。

②速折旧法。包括年限总额法、余额递减法、双倍余额递减法。

③利折旧法。包括偿债基金法和年金法。

 ●任务实施

①设定摇臂钻床进给机构损坏,需要进行项目修理,模拟进行检修前的工具、器材、场地等的准备工作。

②制订检修方案。

 ●知识拓展

1. 普通车床的日常维护

车床的日常维护需要进行以下内容。

①检查机床内外表面应整齐、清洁、无油垢、无锈蚀、无脱漆。

②检查机床周围环境,应无杂物、无铁屑。

③检查机床的润滑。按润滑要求添加润滑油,润滑应认真执行"五定"(定点、定人、定质、定时、定量)和"三级过滤"(购入过滤、领发过滤、使用过滤)规定。定时检查机床润滑部位的油质、油量、油温等。

④检查机床的操作机构、变速手柄、限位开关、安全防护保险装置,应灵敏可靠。

⑤检查机床腐蚀、砸伤、碰伤、拉伤和漏电、漏油、漏水情况,做好清洁卫生工作。

2.一级保养内容

车床运转420 h需要进行一级保养,一级保养需要进行以下工作。

①完成日常维护规定的内容。

②清洗床头箱油泵、滤清器、进给箱和溜板箱大拖板部位的油线、毛毡及防尘防屑装置。

③根据设备使用情况可对严重磨损部位解体检查和清洗。

④清洗挂轮架、挂轮、轴、套,调整配合间隙。

⑤检查设备运转情况,声音、温度、振动应正常。

3.二级保养内容

机床每运转3 000 h进行二级保养,二级保养需要进行下列内容。

①完成一级保养内容。

②对严重磨损部位、大小溜板、刀架进行拆卸、检查和保养。

③刮研并修正大小溜板滑动面和基准面,调整镶条和压板间隙。

④修复或更换磨损的螺纹传动螺母、离合器摩擦片等零件,并为下次二级保养或大修做好准备。

⑤校正安装水平,检查测量主轴、主轴轴线对导轨移动的平行度等主要精度。

⑥清洗检查齿轮箱、水箱、更换润滑油、冷却液。

⑦清扫电动机、润滑电动机轴承,检查配电线路是否整齐安全可靠。

任务1.3　机械的拆卸和清洗

●知识目标

1.掌握机械设备拆卸的一般原则和要求。

2.掌握常用的拆卸方法。

3.掌握零件的清洗要求与方法。

●技能目标

1.会断头螺丝的拆卸。

2.掌握轴承的拆卸。

3.会正确清洗零件。

●任务引入

在机械维修过程中,零件的拆卸与清理、清洗是一个关键的环节。如何规范合理、快捷地拆下零部件,直接关系到维修的顺利进行,保证维修质量和提高工作效率。同时只有对零件进行规范清理与清洗,才能正确检测零件,判断零件的技术状态,判断零件是否需要修复或者更换,并为下一步的装配做好准备。在本任务中,将通过减速器的拆装,进一步熟练掌握机械的拆卸、零部件清理和清洗的知识和技能。

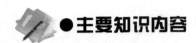

●主要知识内容

一、机械的拆卸

1. 拆卸前的准备

拆卸前的准备工作包括以下内容。

①拆卸场地的选择与清理。

②采取保护措施。

③拆前放油。

④了解设备的结构、性能和工作原理。

2. 机械拆卸的基本原则

①根据机型和有关资料清楚其结构特点和装配关系,然后确定分解拆卸的方法、步骤。

②正确选用工具和设备,当分解遇到困难时要先查明原因,采取适当方法解决,不允许猛打乱敲,防止损坏零件和工具,更不能用量具、钳子代替手锤而造成损坏。

③在拆卸有规定方向、记号的零件或组合件时,应记清方向和记号,若失去标记应重新标记。

④为避免拆下的零件损坏或丢失,应按零件大小和精度不同分别存放,按拆卸顺序摆放,精密重要零件专门存放保管。

⑤拆下的螺栓、螺母等在不影响修理的情况下应装回原位,以免丢失,便于装配。

⑥按需拆卸,对个别不拆卸即可判断其状况良好的可不拆卸,一方面可节约时间和人力,另一方面可避免在拆装过程中损坏和降低零件装配精度。但对需拆卸的零件一定要拆,不可图省事而马虎了事,致使修理质量得不到保证。

3. 常用的拆卸基本方法

常用的拆卸方法可分为:击卸法、拉卸法、顶压法、温差法和破坏法。

①击卸法。即利用锤子或其他重物,将零件拆卸下来。

②拉卸法。即使用专用拉卸器将零件拆卸下来。

③顶压法。适用于拆卸形状简单的过盈配合件。

④温差法。即加热包容件或冷却被包容件使配合件拆卸的方法。

⑤破坏法。适用于严重损坏或严重锈蚀零部件的拆卸。

4. 断头螺丝的拆卸

常用的办法如图 1-2 所示。

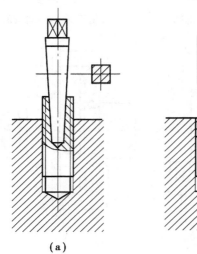
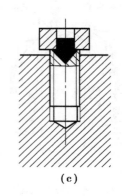

$$（a） \qquad （b） \qquad （c）$$

图 1-2　拆卸断头螺丝的方法

5. 拆卸打滑六角螺钉

焊上六方螺母后拆卸,如图 1-3 所示。

6. 拆卸轴承

常用的拆卸轴承方法有如图 1-4 所示几种。

7. 轴上紧配合零件的拆卸

轴上紧配合零件的拆卸方法类似轴承的拆卸方法,
如图 1-5 所示。

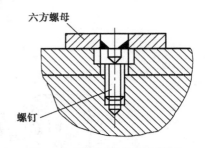

图 1-3　拆卸打滑内六角螺钉

8. 拆卸时的注意事项

在机械设备的修理中,拆卸时应考虑到修理后的装
配工作,为此应注意以下事项:

①对拆卸零件要做好核对工作或作好记号。

②分类存放零件。

③保护拆卸零件的加工表面。

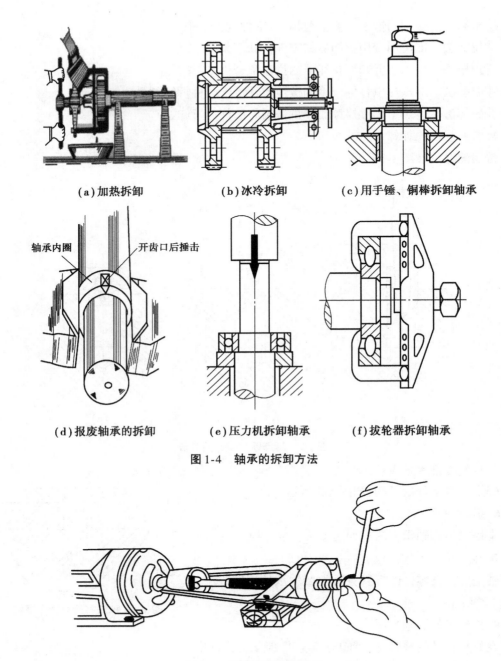

图 1-4　轴承的拆卸方法

图 1-5　用顶拔器拆卸带轮

二、机械零件的清洗

对拆卸后的零件进行清洗是修理工作的重要环节,清洗方法和质量,对零件鉴定的准确性、设备的修复质量、修理成本和使用寿命等都将产生重要影响。零件的清洗包括脱脂、清除油污、水垢、积碳、锈层、旧涂装层等。

1. 清除油污

油污是油脂和尘土、铁锈等的黏附物,它不溶于水,但融于有机溶剂。除用机械法去污外,还可用化学法或电化学法去除。

（1）化学除油污法

化学除油污法有有机溶剂除油污和碱性溶液除油污。常用的有机溶剂有汽油、煤油、柴油、丙酮等。常用的碱性溶液有苛性钠、碳酸钠、硅酸钠、磷酸钠等。清洗时提高溶液温度和进行搅拌能加快除油效果,一般可加热到 80 ℃ 左右。洗后应用热水冲洗,并用压缩空气吹干。

（2）电化学除油污法

电化学除油污法是利用电解液电解时两电极产生气泡的机械搅拌和剥离作用使油脂脱离零件表面的方法,该法有速度快、效率高、除油彻底等优点。

2. 除锈

除锈的常用方法有:机械法除锈、化学法除锈、电化学法除锈等。

 **●任务实施**

①规范拆卸减速器,所有能拆开的地方全部拆开。

②清理、清洗零件。

③写出拆卸齿轮减速器实习报告,重点写出拆卸工具、拆卸方法步骤、简述齿轮减速器的传动结构原理,减速器的结构如图 1-6 所示。

图 1-6　减速器的结构

项目 2

离心泵的维护与检修

任务 2.1　熟悉离心泵的结构原理

●知识目标

1. 掌握离心泵的工作原理。
2. 掌握离心泵的基本结构。
3. 熟悉离心泵的主要技术参数。

●技能目标

1. 能够熟练规范地拆装离心泵。
2. 掌握各零部件的作用与技术要求。

●任务引入

1. 具体任务
具体任务是单极离心泵的拆装练习。

2. 任务分析

离心式排水泵是生产中使用较多的运转机器设备,也是故障出现频率较高的设备,所以离心泵的检修是机械维修人员的一项重要工作。而要正确地检修离心泵,首先要了解它的基本结构与工作原理以及主要的技术参数,并在此基础上熟练、规范地拆装离心泵。

 ●主要知识内容

一、离心泵的分类与型号

1. 离心泵分类

(1)按叶轮数目分类

单级离心泵与多级离心泵如图2-1所示。

①单级离心泵:在泵轴上只有一个叶轮。

②多级离心泵:在同一根轴上装有两个或两个以上的叶轮,液体依次通过各个叶轮,它的总压头是各级叶轮压头之和。

(a)单极离心泵　　　　　　**(b)多级离心泵**

图2-1　单极离心泵与多级离心泵

(2)按叶轮吸入方式分类

①单吸离心泵:叶轮只有一个吸入口。

②双吸离心泵:叶轮两侧都有吸入口,它的流量较大。

2. 离心泵的型号

离心泵的型号采用吸入口直径+泵的类型+泵的比转数表示,如图2-2所示。

BA型离心泵的代号
BA表示单吸单级悬臂式离心泵

6BA—12 ——— 泵的比转数为120
　　　　　　 单级单吸悬臂式离心泵
　　　　　　 吸入口直径为6 in

SH型离心泵的代号
SH表示双吸单级离心泵

14SH—6 ——— 泵的比转数为60
　　　　　　 双吸单级离心泵
　　　　　　 吸入口直径为14 in

DA型离心泵的代号
DA表示单吸多级离心泵

DF140—150×9 ——— 级数为9
　　　　　　　　　 单吸扬程
　　　　　　　　　 流量 m³/h
　　　　　　　　　 耐腐蚀泵
　　　　　　　　　 多级分段式离心泵

图2-2　离心泵的型号

二、单级离心泵的结构与工作原理

泵是向液体传递机械能的机械,离心泵依靠旋转叶轮对液体的作用把原动机的机械能传递给液体。由于离心泵的作用,液体从叶轮进口流向出口的过程中,其速度能和压力能都得到增加,被叶轮排出的液体经过压出室,大部分速度能转换成压力能,然后沿排出管路输送出去,这时,叶轮进口处因液体的排出而形成真空或低压,吸水池中的液体在液面压力(大气压)的作用下,被压入叶轮的进口,于是,旋转着的叶轮就连续不断地吸入和排出液体。离心泵的基本结构如图2-3所示。

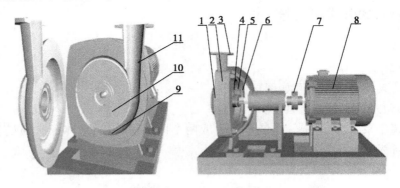

图2-3 单极离心泵的结构

1—泵进口;2—泵壳;3—泵出口;4—密封填料盒;5—填料压盖;6—泵轴;
7—联轴器;8—配套电机;9—螺壳;10—叶轮;11—扩散管

三、多级离心泵结构与工作原理

多级离心泵是指在同一根泵轴上装有两个或两个以上的叶轮,液体依次通过各级叶轮,它的总压头是各级叶轮压头之和。当需要得到高压头时,往往采用多级离心泵。

1. 外形结构

多级离心泵的外形结构如图2-4所示。

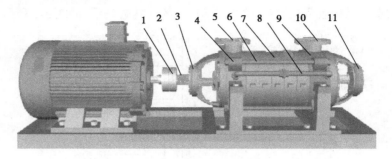

图2-4 多级离心泵的外形结构

1—联轴器;2—泵轴;3—前轴承体;4—吸入段;5—泵进口;
6—穿杠;7—中段;8—平衡管;9—压出段;10—泵出口;11—后轴承体

2.内部传动结构

转动部分由轴、叶轮、轴套等组成,是泵产生离心力和能量的旋转主体,如图 2-5 所示。

图 2-5　多级离心泵叶轮轴

1—锁紧螺母;2—泵轴;3—轴承挡套;4—密封填料轴套;5—平衡盘;6—叶轮

3.泵的壳体部分

多级分段式离心泵的泵壳分为吸入段(前段)、中段和压出段(后段)。吸入段的作用是保证液体以最小的摩擦损失流入叶轮入口。中段上有导叶,导叶装入带有隔板的中段内,形成蜗壳。

中段的作用是将前一级里以较大速度出来的液体降低速度,保证液体很好地进入下一级叶轮。压出段上有尾盖,压出段的作用是收集从叶轮流出来的液体,并将液体的动能变成压力能,其结构如图 2-6 所示。

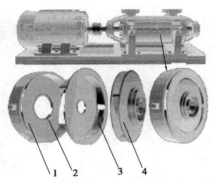

图 2-6　多级离心泵中段结构

4.密封部分

转动着的叶轮和泵壳之间有间隙存在,如果这个间隙过大,叶轮甩出来的液体的一部分就会从这个间隙返回叶轮的吸入口,降低泵效;如果这个间隙过小,会使泵壳和叶轮可能因为磨损过大而报废,密封部分结构如图 2-7 所示。

5.平衡部分

平衡部分主要用来平衡离心泵运行时产生指向叶轮进口的轴向推力,如图 2-8 所示。

(1)单级离心泵的轴向力平衡措施

①采用双吸式叶轮。

②开平衡孔。

③装平衡管。

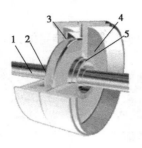
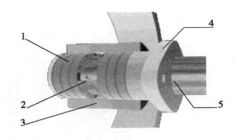

（a）叶轮与泵壳间密封　　　（b）泵轴与泵壳间密封
1—泵轴；2—叶轮；3—导叶　　1—密封填料；2—液封环；
4—中段；5—密封环（口环）　　3—填料座；4—填料压盖；5—泵轴

图 2-7　多级离心泵的密封

④采用平衡叶片。

（2）多级离心泵的轴向力平衡

①对称布置叶轮。

②平衡盘法。

③平衡鼓法。

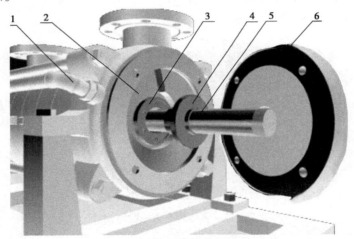

图 2-8　平衡盘法平衡装置示意图

1—平衡管；2—平衡室；3—平衡盘头；4—平衡盘；5—泵轴；6—尾盖

6. 多级离心泵的其他结构

离心泵的轴承、联轴器如图 2-9 所示。

图 2-9　联轴器与滑动轴承

7. 多级离心泵的工作原理

液体从吸入管进入离心泵吸入室,然后流入叶轮。叶轮在泵壳内高速旋转,产生离心力。充满叶轮的液体受离心力的作用,以高速向叶轮的四周甩出,高速流动的液体汇集在泵壳内,其速度降低,压力增大,离心泵的工作原理示意图如图 2-10 所示。

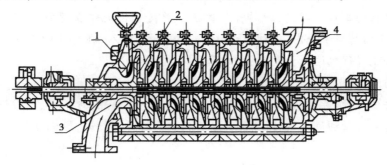

图 2-10　离心泵的工作原理示意图
1—叶轮;2—导叶;3—吸入室;4—排出室

 ●任务实施

1. 拆卸

①观察如图 2-3 所示单极离心泵外形,分析其内部结构。

②确定拆卸顺序,制订拆卸方案。

③准备拆装工具与场地。

④按步骤规范地拆开离心泵,注意不要损伤过盈配合部分,边拆边观察分析,拆下的零部件分类规范摆放。

⑤清理清洗零件。

⑥分析单极离心泵的工作原理与零件及装配技术要求。

2. 装配

①合理确定装配顺序,制订装配方案。

②准备装配工具。

③装配。

④清扫场地。

 ●知识拓展

1. 离心式风机的工作原理

离心式风机的工作原理是,叶轮高速旋转时产生的离心力使流体获得能量,即流体通过叶轮后，压能和动能都得到提高，从而能够被输送到高处或远处。叶轮装在一个螺旋形的外壳内，当叶轮旋转时，流体轴向流入，然后转90°进入叶轮流道并径向流出。叶轮连续转，在叶轮入口处不断形成真空，从而使流体连续不断地被吸入和排出。

2. 轴流风机的工作原理

轴流式风机的工作原理是，旋转叶片的挤压推进力使流体获得能量，升高其压能和动能，叶轮安装在圆筒形泵壳内，当叶轮旋转时，流体轴向流入，在叶片叶道内获得能量后，沿轴向流出。轴流式风机适用于大流量、低压力场所。

3. 风机的结构

风机主要由风叶、集流器、百叶窗、开窗机构、电机、皮带轮、进风罩、内框架、蜗壳等部件组成。开机时电机驱动风叶旋转，并使开窗机构打开百叶窗排风，停机时百叶窗自动关闭。

 ●技能拓展

①掌握多级离心泵的拆装技能。
②掌握离心风机和轴流风机的拆装。

任务 2.2 离心泵的故障与处理方法

 ●知识目标

1. 掌握离心泵的选择和使用要求。
2. 能够对离心泵进行故障诊断。

 ●技能目标

1. 学会观察辨别离心泵故障现象。
2. 会清理离心泵。
3. 会处理各种常见故障。

●任务引入

1. 任务分析

离心泵出现故障不能正常工作,需要对其进行观察,辨别故障点,分析故障原因,拆下清理并修复。

2. 具体任务

一台离心泵工作一段时间后,出现排量(压力)下降,并伴随有泵体振动和发烫,需要对其分析故障原因,排除故障修复。

●主要知识内容

一、离心泵的选择及使用

离心泵应该按照所输送的液体进行选择,并校核需要的性能,分析抽吸、排出条件,是间歇运行还是连续运行等。离心泵通常应在或接近制造厂家设计规定的压力和流量条件下运行。离心泵的日常使用注意事项如下:

①禁止无水运行,不要用调节吸入口来降低排量,禁止在过低的流量下运行。

②监控运行过程,彻底阻止填料箱泄漏,更换填料箱时要用新填料。

③确保机械密封有充分冲洗的水流,水冷轴承禁止使用过量水流。

④润滑剂不要使用过多。

⑤按推荐的周期进行检查。建立运行记录,包括运行小时数,填料的调整和更换,添加润滑剂及其他维护措施和时间。对离心泵抽吸和排放压力、流量、输入功率,轴承的温度以及振动情况都应定期测量记录。

二、离心泵的故障诊断与处理

1. 离心泵机械密封失效

离心泵故障停机主要是由机械密封的失效造成的。失效的表现大都是泄漏,造成泄漏原因有以下几种。

(1)动静环密封面的泄漏

原因主要有:端面平面度、粗糙度未达到要求,或表面有划伤;端面间有颗粒物质,造成两端面不能同样运行;安装不到位,方式不正确。

(2)补偿环密封圈泄漏

主要原因有:压盖变形,预紧力不均匀;安装不正确;密封圈质量不符合标准;密封圈选型不对。

实际使用效果表明,密封元件失效最多的部位是动、静环的端面,离心泵机械密封动、静环端面出现龟裂是常见的失效现象,主要有如下原因:

①安装时密封面间隙过大,冲洗液来不及带走摩擦副产生的热量;冲洗液从密封面间隙中漏走,造成端面过热而损坏。

②液体介质汽化膨胀,使两端面受汽化膨胀力而分开,当两密封面用力贴合时,将破坏润滑膜从而造成端面表面过热。

③液体介质润滑性较差,压力过载,两密封面跟踪转动不同步。例如高转速泵转速为1 470 r/min,当有一个密封面滞后不能跟踪旋转,瞬时高温造成密封面损坏。

④密封冲洗液孔板或过滤网堵塞,造成水量不足,使密封失效。另外,密封面表面滑沟,端面贴合时出现缺口也会导致密封元件失效。

密封失效的主要原因如下:

①液体介质不清洁,有微小质硬的颗粒,以很高的速度滑入密封面,将端面表面划伤而失效。

②机泵传动件同轴度差,泵开启后每转一周端面被晃动摩擦一次,动环运行轨迹不同心,造成端面汽化,过热磨损。

③液体介质水力特性的频繁发生引起泵组振动,造成密封面错位而失效。

液体介质对密封元件的腐蚀、应力集中、软硬材料配合、冲蚀,辅助密封 O 形环、V 形环和凹形环与液体介质不相容,变形等都会造成机械密封表面损坏失效。因此对其损坏形式要综合分析,找出根本原因,保证机械密封长时间运行。

2.其他故障

各种故障的现象、原因、排除方法见表 2-1 至表 2-8。

(1)抽空故障

表 2-1　离心泵抽空故障分析表

现　象	原　因	处　理
泵体振动,泵和电机声音异常,压力表无指示,电流指示为零	泵进口管线堵塞	清出或用高压泵车顶通泵进口管线
	流程未改通,泵入口阀门未开	启泵前全面检查流程
	叶轮堵塞	清除泵叶轮堵塞物
	泵进口密封填料漏气严重	调整密封填料压盖,使密封填料在规定范围内
	油温过低,吸阻力过大	用热水伴热提高来油温度
	泵入口过滤器堵塞	检查泵进口过滤缸
	泵内有气体为放净	在出口处放净泵气体

（2）气蚀故障

表 2-2　离心泵的气蚀故障分析表

现　象	原　因	处　理
泵体振动,噪声剧烈,压力表波动,电流波动	吸入压力降低	提高罐液位,增加吸入口压力
	吸入高度过高	降低泵吸入高度
	吸入管阻力增大	检查流程,清理过滤网,增大阀门开启度,减少吸入管阻力
	输送液体黏度增大	输送黏度高的液体要提前加温降低黏度,或采取伴热水掺输的办法
	抽吸液体温度过高,液体饱和蒸汽压增加	对锅炉减火降温,减小液体的饱和蒸汽压

（3）泵压力不足,不上量

表 2-3　离心泵压力不足故障分析表

现　象	原　因	处　理
压力表无显示,电流低于正常值,泵体发烫,泵体振动	放空不彻底、泵内有空气	重新放空至液体自然从输出端放空阀流出为止
	过滤器或进油管线堵塞(油流不畅)、初级叶轮进口堵塞	清洗过滤器或检查进油管线通径
	油温过低或过高	控制输油温度为 45~50 ℃为宜
	大罐或缓冲罐液位(压力)太低	检查输油大罐、缓冲罐液位、压力
	平衡装置磨损严重(平衡管堵塞或由于操作不当引起)	检查平衡装置(必要时可打开检查)
	离心泵低压端密封不严、漏失导致泵内进空气	检查更换离心泵低压端密封或调整压帽螺丝

(4)轴承温度过高声音异常

表 2-4　轴承温度过高声音异常故障分析表

现　象	原　因	处　理
轴承温度过高声音异常	缺油或油过多	补充加油或利用下排污把油位调节到 1/3～1/2 处,拆开端盖清理回油槽
	润滑回油槽堵塞	
	轴承跑内圆或外圆	停泵检查,跑外圆要更换轴承体或轴承,跑内圆要更换泵轴或轴承
	轴承间隙过小,严重磨损	更换挑选合适间隙的轴承
	轴弯曲,轴承倾斜	校正或更换泵轴
	润滑油内有机械杂质	更换清洁的润滑油

(5)泵体振动过大,有异常声音

表 2-5　泵体振动过大,有异音故障分析表

现　象	原　因	处　理
泵体振动,伴有异常声音	对轮胶垫或胶圈损坏	检查更换对轮胶垫或胶圈,紧固销钉
	电动机与泵轴不同心	对电动机和泵对轮进行找正
	泵吸液不好抽空	在泵入口过滤缸和出口处放气控制提高罐液面
	基础不牢,地脚螺栓松动	加固基础,紧固地脚螺栓
	泵轴弯曲	校正泵轴
	轴承间隙大或砂架损坏	更换符合要求的轴承
	泵转动部分静平衡部分不好	拆泵重新校正转动部分的静平衡
	泵体内各部分间隙不合适	调整泵内各部件间隙

(6)排量、压力下降

表 2-6　排量、压力下降故障分析表

现　象	原　因	处　理
离心泵排量、压力下降	过滤器空隙太大,介质中杂质堵塞泵的一级叶轮吸入口	打开泵的低压端,清除叶轮内堵塞物
	平衡板与平衡盘配合间隙不当,轴与叶轮、叶轮口环与泵体口环配合间隙过大(不同心造成)	打开离心泵,用游标卡尺、内外卡钳检查配合间隙,安装泵时应遵循安装要求
	叶轮损坏(磨损损坏、气蚀损坏加工质量)	仔细检查叶轮磨损面;分析损坏原因、制订下一步操作方案
	进口管线破漏导致供输关系紊乱	检查进口管线及相关设备

（7）开始正常，随后压力缓慢下降

表2-7　开始正常，随后压力缓慢下降故障分析表

现　象	原　因	处　理
启泵后开始输油正常，随后压力缓慢下降	过滤器太脏，影响油流通过	停泵清洗过滤器
	油温过高（气蚀）或过低（油稠）	控制油温
	平衡管堵塞（可用手触摸检查）导致泵头高压段发热影响扬程	拆下平衡管清除堵塞物
	放空不彻底，输油过程中气泡逐渐积聚形成气体段塞，影响液体进入泵内	放空彻底（输油初期勤检查，注意观察压力表指针变化，随时放空泵内气体）

（8）平衡盘磨损，泵窜量超过规定范围

表2-8　泵窜量超过规定范围故障分析表

现　象	原　因	处　理
离心泵运行过程中，平衡盘磨损，泵串量超过规定范围	泵上量不好，油内杂质太多造成泵平衡盘磨损	停泵更换平衡盘，校对平衡间隙
	装配不当，造成泵轴允许串量过大或过小	重新调整装配间隙
	轴承磨损，间隙变大造成轴允许串量过大	更换轴承
	操作不当，每次启动离心泵时不调整（打开）平衡盘与平衡板间隙	确定正确的操作方法
	电机轴与泵轴之间不同心（产生径向跳动、轴向跳动）造成一系列机械损伤，引起平衡盘与平衡板之间配合间隙过大	调整设备同心度

●任务实施

1．故障分析

离心泵排量下降可能是吸入口堵塞、进口管线破裂、叶轮损坏、平衡盘磨损或装配不当等原因造成的；泵体振动和发烫的原因可能有放空不彻底、泵内有空气、电动机与泵轴不同心、泵转动部分静平衡部分不好、泵轴弯曲、轴承间隙大等原因。

2.处理

检查吸入口及进口管路,清除堵塞杂物,检查联轴器与电机轴的同轴度,放空泵内空气,开机试车。如故障现象仍然存在,则需要拆开检查内部叶轮、泵轴、平衡盘、轴承等的磨损变形等情况。然后更换或者修复损坏及磨损严重的零部件,装配试车。

3.完成实习报告

●知识拓展

①了解风机的故障现象、原因和排除措施。风机的常见故障有:风机的电机或传动件轴承振动、温度高;风管风道系统振动导致引风机的振动;叶轮磨损、积灰等。

②了解其他类型泵如活塞泵、螺杆泵的故障种类、现象、原因和排除措施。

任务2.3　离心泵的修理

●知识目标

1.掌握离心泵的拆卸和检查。
2.掌握离心泵的装配。
3.掌握维修技术要点。

●技能目标

会拆卸、检查、装配离心泵。

●任务引入

离心泵出现故障,不能正常工作,在对其进行观察、辨别故障点、分析故障原因之后,需要将其拆卸,修复或者更换损坏的零件,装配后恢复其完好状态。

●主要知识内容

一、离心泵的拆卸

1. 拆卸的安全要求

①掌握泵的运转情况,并备齐必要的图纸和资料。

②对检修过程作出风险评价,并填写好风险评价表。

③备齐检修工具、量具、起重机具、配件及材料。

④切断电源及设备与系统的联系,放净泵内介质,达到设备安全与检修条件。

2. 拆卸的基本原则

(1)熟悉结构

尤其是对复杂机泵或新型机泵,拆卸前必须查看图纸或说明书,了解各零部件的作用、相互关系以及旋转方向,避免盲目拆卸。

(2)做好标记,避免调错

拆卸前必须对相邻零件或联接零件做好标记,避免回装时装反或质量不均衡引起振动(如轴上的多条键、联轴器等)。打记号时应在非工作面上打记号。

(3)认真测量检修前数据、做好记录

拆卸顺序合理。先拆机泵的附属件(辅助管线、循环冷却水系统、联轴器等),后拆主机;先拆外部,后拆内部;先拆上部后拆下部。认真测量检修前数据并做好记录,如泵与电机的找正数据等。

(4)拆卸前要选用合适工具

拆卸前选用合适工具,必要时要设计和制作专用工具,拆卸时不允许乱敲、乱打,要保护好所有的螺纹、配合面及轴的顶尖孔。

(5)零件要摆放整齐,便于装配

3. 确定拆卸的顺序

①拆卸联轴器护罩的固定螺栓,取下联轴器护罩。

②在联轴器上做好标记(旧泵则应复对标记),并测量泵与电机的找正数据。

③拆卸联轴器螺栓。

④拆卸冷却水管。

⑤拆卸机械密封压盖螺栓,放出密封内残留的液体。

⑥将轴承箱内的润滑油放出。

⑦拆泵盖与泵壳联接螺栓。

⑧吊出泵体。

⑨拆叶轮背帽、叶轮。

⑩拆泵悬架与泵盖联接螺栓,拆下泵盖。

⑪拆泵端联轴器对轮。

⑫松开泵轴承箱前、后压盖。

⑬拆下泵轴承箱(拆卸前应装上叶轮背帽,避免轴头螺纹损坏)。

⑭拆轴承背帽,拆轴承,取出轴承压盖。

⑮拆下密封轴套及轴套上的动环。

⑯检查和清洗各零部件,修复或更换相应的零部件及材料。

二、离心泵的检查与处理

1. 泵轴的检查

拆开离心泵后先清洗干净泵轴,然后检查泵轴的磨损、弯曲、跳动以及键槽的磨损情况。

2. 检查叶轮

(1)检查叶轮口环磨损情况

如叶轮口环磨损在范围之内,则可在车床上用胎具胀住叶轮内孔,对磨损部位进行修车(要保证叶轮口环的外圆与内孔的同心度)。如口环磨损严重,超过规定口环间隙范围,就必须进行更换。

(2)检查叶轮叶片和表面是否有气蚀损坏的现象

如叶片仅有微小空洞,不会对流量和扬程造成影响,则不必更换,否则必须进行修理或更换。

检查叶轮键槽、键以及叶轮与轴的配合。叶轮长期使用,多次拆装,叶轮与轴或叶轮键槽与键的配合变松,影响叶轮的同心度,使泵运行时产生振动。如发现叶轮与轴配合太松,则检查叶轮或轴的磨损情况,对磨损超差的进行更换。若叶轮键槽与键配合太松时,在叶轮原来键槽相隔180°处重开键槽,并重新配键。

3. 轴承的检查

①滚动轴承装配前,先将轴承中的防锈油或润滑脂挖出,然后将轴承放在热机油中使残油熔化,再用煤油冲洗,并用白布擦干或压缩空气吹干。

②滚动轴承清洗后,应检查以下各项:轴承是否转动灵活、轻快自如,有无卡住现象;轴承间隙是否合适;轴承是否干净,内外圈、滚动体和隔离圈是否有锈蚀、毛刺、碰伤和裂纹;轴承内圈是否与轴肩精密相靠;轴承附件是否齐全。如有问题则进行更换。

③检查轴颈和轴承时,主要用千分尺或游标卡尺测量轴颈及轴承孔的椭圆度和圆锥度及其与轴承的配合是否符合要求。另外检查轴颈圆角与轴承内圈是否相符。检查轴肩和轴承孔的端面跳动量,其数值不应超过规定值,否则进行更换。

4. 机械密封的检查

①检查轴套密封面是否磨损,如有磨痕、凹坑,就必须进行更换。如仅有锈蚀,则用金相砂纸将轴套表面打磨光洁。

②检查密封压盖密封面是否有严重磨损,如有则进行更换。

③更换动、静密封环和动、静密封垫圈、轴套、压盖。因为这些密封件密封面的磨损往往是肉眼无法发现的。垫圈是一次性配件,必须进行更换,泵的密封结构如图2-11所示。

④检查定位环和轴套及压盖螺栓螺纹,如磨损严重就进行更换。

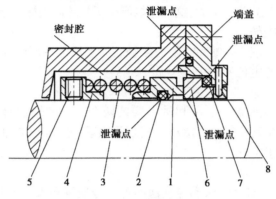

图 2-11　泵的密封

1—弹簧座;2—密封圈;3—弹簧;4—推环;5—紧定螺钉;6—旋转环;7—辅助密封圈;8—防转销

5. 泵壳、壳体口环、轴承悬架等固定件的检查

①裂纹的检查。泵壳、轴承悬架经过清洗后,必须检查是否有裂纹。检查方法一般采用手锤轻敲泵壳,如发出沙哑声,说明泵壳已有裂纹。

②为进一步检查,可用煤油涂于泵壳、轴承悬架上,让煤油渗入裂纹中,再将表面上的煤油擦掉后涂上一层白粉,随后用手锤再次敲击泵壳、轴承悬架,裂纹内的煤油就会渗出并浸湿白粉,呈现出一道黑线,由此可以判断裂纹的端点。如裂纹的部位在不承受压力或不起密封作用的地方,为防止裂纹继续扩大,可在裂纹的始末两端各钻一个直径为 3 mm 的圆孔,以防止裂纹继续扩展。如果裂纹出现在承压部位,必须进行补焊。

③除此之外,还可以用磁粉探伤法。

三、泵的装配

1. 装配的基本要求

离心泵在装配时按拆卸相反的方向进行。装配时,应注意以下几个问题。

(1)清洗干净,检查配合

在离心泵装配前一定要把所有的零件清洗干净,并检查各配合面有无毛刺,各相互配合的零件是否符合配合要求,若有不符合之处,装配之前一定要处理好,否则会影响装配的进度甚至破坏配合面。

(2)加油润滑,顺序装配

装配所有相配合的零件时,其配合面上一定要加一些润滑油进行润滑。装配顺序要合理,防止错和漏,千万不能想当然地进行装配。

(3)看清图纸,对号入座

离心泵各种零件都有它的相对位置,装配时一定要看清楚原来拆卸时所做的记号。对于比较复杂的离心泵,最好还是根据泵的装配图对号入座来装配。

(4)对称用力,均匀上紧

不管装任何零部件,凡是需要出力的地方都必须对称用力,这是装配的基本常识。例如把滚动轴承或联轴器装入泵轴就必须两边对称打,只打一边就会装不进去。上紧泵盖螺栓时,必须对称且均匀上紧。一般分几次上紧,这样才能保证所有的连接螺栓上得紧而且均匀。

(5)奥氏不锈钢易损伤

装配时在叶轮螺母与主轴、轴和叶轮的接触表面上涂上一层油膜以防止其相互咬合。

(6)确保锁紧螺钉与定位螺钉完全紧固

2. 滚动轴承的装配

滚动轴承采用热装法装配。在一根轴上安装两个以上的轴承时,其中应有一个轴承固定在轴上和轴承座中,以免发生轴向窜动。其余的轴承一定要留有轴向游动间隙,以便使轴承在温度变化时能够自由移动。

3. 叶轮的装配

根据用途不同叶轮也有热装法和冷装法两种。冷油泵和水泵的叶轮与轴的配合为方便拆卸,一般采用 H7/h6。装配时,一般要先测定其与轴的实际配合是否符合实际要求。若符合要求,则只要先用砂纸将锈或毛刺擦去,然后涂上机油,即可按要求装到轴上。若叶轮与轴的配合太松或太紧,都不太合理,必须处理合格才能装配。

热油泵的叶轮与轴的配合考虑到热膨胀问题,一般采用新国标为 H7/js6。叶轮的加热方法可用机油加热,也可用蒸汽加热。这里特别指出:叶轮与键的配合,或键与轴的配合都应有一定的过盈量,否则会导致离心泵振动。

4. 联轴器的装配

联轴器的装配有冷装法和热装法两种,具体操作要视其用途、与轴的配合以及轴孔大小而定。热油泵、锅炉给水泵一般用 H7/K6 的配合,冷油泵,水泵一般用 H7/js6。

对于小型水泵、冷油泵,联轴器轴孔在 30 mm 以下或其配合的过盈量很小,采用冷装法即可。在检修现场装配时,往往用紫铜棒垫着打比较方便,单极离心泵结构如图 2-12 所示。

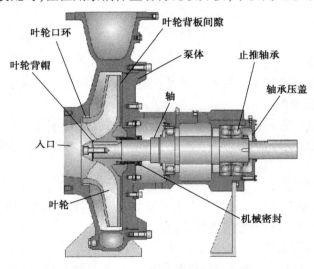

图 2-12　单极离心泵结构示意图

●任务实施

ZX 系列卧式自吸离心泵(图2-13)的故障分析处理与装拆卸练习(可以与任务2.2中的任务实施合并进行)。

①观察外观,阅读产品说明书,熟悉参数与结构。

②拆开水泵,观察结构,清理检测零件。

③分析其可能出现的故障与处理办法。

④拟定装配工艺顺序,重新装配。

⑤装配后检查与试车。

⑥写 ZX 系列卧式自吸离心泵拆装实习报告。

图2-13　ZX 卧式单极离心泵机组

●知识拓展

离心式风机的工作原理

风机是用于输送气体的机械,从能量观点看,它是把原动机的机械能转变为气体能量的一种机械。风机是对气体压缩和气体输送机械的习惯性简称。离心式风机的工作原理是,叶轮高速旋转时产生的离心力使流体获得能量,即流体通过叶轮后,压力能和动能都得到提高,从而能够被输送到高处或远处。叶轮装在一个螺旋形的外壳内,当叶轮旋转时,流体轴向流入,然后转90°进入叶轮流道并径向流出。叶轮连续转,在叶轮入口处不断形成真空,从而使流体连续不断地被吸入和排出,离心式风机如图2-14所示。

风机的检修主要工作为:叶轮的检修;轴的检修;轴承的检查及更换;联轴器的找正等。

图2-14　离心风机

任务2.4　离心泵使用与日常维护

●知识目标

1.掌握离心泵的保养要求。
2.掌握离心泵的使用注意事项。

●技能目标

会正确操作和保养离心泵。

●任务引入

离心泵出现故障,在很大程度上是由于使用保养不当,正确规范的使用、保养,可以大大降低离心泵出现故障的概率。

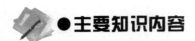

●主要知识内容

一、离心泵的启动

1.启动前的检查准备

启动前应做好以下几方面的检查。

①清扫现场,擦洗泵体及附件,做好卫生,符合规范要求。

②检查泵端面、大盖、进出口管线、进出口阀门、法兰等处有无泄漏情况,地脚螺栓有无松动,电机接地线是否良好,防护罩是否紧固,压力表是否完好,所有问题处理完好并确认。

③检查冷却水、排水地沟是否畅通。

④轴承部位按三级过滤要求加入 32 号或 46 号润滑油,油位控制在油标的 1/2 ~ 2/3。

⑤盘车几圈,转动联轴器应轻松且轻重均匀,注意泵内有无摩擦音或异常响声,检查联轴器安全罩。

⑥冷油泵或水泵打开泵入口阀,使液体充满泵,并打开排空阀排除泵内存水和空气。

⑦打开压力表阀,多级泵如有平衡管,则应打开平衡管阀门。

⑧打开泵体、泵座、油箱、端面的冷却水阀门,注入封油,调节冷却水流量和封油压力,达到规范要求。注意封油不要给得过大以免抽空,封油要提前脱净水分。

⑨热油泵在启动前要缓慢全开入口阀,稍开出口阀,或打开预热阀进行预热,预热速度为 50 ℃/h,控制泵体与介质的温差在 30 ℃以下,预热时每 10 min 盘车 180°。当温度高于 150 ℃以后,应每隔 5 min 盘转一次以防泵产生变形。

⑩预热时开阀要缓慢,防止预热泵倒转或者运转泵抽空。

⑪高扬程的多级泵稍微打开出口阀门,保证启动流量不低于泵所允许的最小流量,最小流量一般为泵额定流量的 30%。

⑫操作工改好流程。

⑬确认电机正常并处于有电状态。对于检修电机的机泵要联系电工送电,点试电机,检查电机旋转方向是否与泵旋转方向一致。

⑭切记关闭出口阀门,目的在于减小电机负荷,不使电机过载。

2. 离心泵启动

①改好流程后关闭出口阀,热油泵还要关闭出口预热线阀,全面检查一次,严禁带负荷启动。

②按动电钮接通电源启动电机,检查电流大小、声音和振动是否正常,泵有无严重泄漏,如果出现上述情况则立即停泵。

③当泵出口压力达到操作压力后,打开泵出口阀,在出口阀门关闭的情况下,泵运转一般不超过 2 min,否则液体在泵体内不断被搅拌和摩擦,产生大量热能,导致泵体超温、过热使零件损坏,严重时会造成设备故障。

④密切注意电机电流和泵出口压力、流量变化情况,防止泵过负荷或抽空,注意密封的泄漏情况。

⑤当泵运行正常后,适当调节泵的各部冷却水和封油量,保证冷却水的排出温度为正常值。

二、离心泵的停机

①接到泵停运通知后,逐渐关闭出口阀。

②泵出口阀全关后,按停车按钮停泵。

③如泵需检修,可按以下步骤继续操作。

A. 关闭封油阀门。

B. 关闭泵的进口阀。

C. 热油泵停运后,并每隔 20 ~ 30 min 盘车 180°;水泵和其他形式的泵放空泵内介质。

D. 联系电工停电。

E. 当泵体温度降至规定温度时关闭冷却水。

F. 经检查符合检修安全规定后,联系检修单位检修。

④如泵需正常备用时,停运后按以下步骤进行:

A. 热油泵或其他需要预热的泵适当打开泵的出口阀或预热阀保持泵体温度在正常运转温度。

B. 关闭封油注入阀门。

C. 冷油泵夏天关闭所有冷却水,冬天保持冷却水低流量,注意防冻;热油泵冷却水根据各部温度适当调整。

D. 热态工作的备用泵,尤其是多级泵,每班要盘车一次,每次至少2~3圈,以免泵轴因自重而产生变形。

E. 备用泵满足备用条件:润滑良好,冷却水畅通,密封面无泄漏,盘车良好,安全附件齐全好用,热油泵处于预热状态,离心泵入口阀开、出口阀关,泵内充满介质。

三、紧急停泵操作

1. 出现下列情况之一,必须紧急停泵

①泵或电机发生很大的振动或轴向窜动,联轴器损坏。

②电机冒烟、有臭味或着火。

③电机转速慢,并发出不正常声音。

④轴承或电机发热到不安全允许极限值。

⑤热油泵或输送易汽化的介质(如液态)的泵面严重泄漏。

⑥危及人身安全(如电机电气系统泄漏)。

⑦其他危机安全生产的情况。

2. 操作

①马上按停机按钮紧急停机。

②迅速关严泵的出口阀、入口阀。

③若热油泵泄漏着火,要及时灭火,切断封油阀。

④停运泵后再按需要做停泵步骤操作。

四、离心泵日常维护

①经常检查泵出入口压力、流量及电机电流的变化情况,维持其正常的操作指标,严禁泵长时间抽空和在最低流量情况以下运转,发现异常及时处理,必要时停泵检查,出口流量不能用入口阀调节,避免产生气蚀、抽空、振动。

②经常检查泵和电机的运转情况和各部位的振动、噪声。

③经常检查各部温度变化情况,泵轴承温度不超过65 ℃,电机轴承温度不超过70 ℃。

④检查轴封的泄漏情况,有封油的要经常检查封油系统,控制好封油压力使之处于要求值。轴封采用填料密封允许有滴状泄漏,不能将填料压得太紧,以致增加摩擦功耗和轴过早

地磨损。检查机械密封时,眼睛不要对准密封面的切线方向,防止介质甩入眼内。

⑤检查润滑。

A.离心泵的润滑部位是轴承箱内的轴承,润滑油可起润滑、冷却、冲洗、密封、保护、减震、卸荷等作用,良好的润滑油对泵的运行至关重要。

B.经常检查润滑油的油质、液面、油温。液面低于油标的一半要加油,发现油品乳化、变质带水带杂质要立即更换。油中含水会使油变质或乳化,不能形成润滑油膜而失去润滑作用,从而增大轴承摩擦导致轴承发热并造成损坏。

C.为了减少机动设备的摩擦阻力、减少零件的磨损、降低动力消耗、延长设备使用寿命,添加或更换润滑油时必须做到:"五定"及"三级过滤"。

a.五定:定质、定量、定点、定时、定人。

b."三级过滤":油桶放油过滤、小油罐或小油桶放油过滤、注油器加油过滤。

⑥检查泵的冷却。

A.泵的冷却流程。轴承箱水套冷却水带走轴承摩擦产生的热量,降低轴承温度,密封压盖冷却水用以带走机械密封摩擦及软填料与轴套摩擦产生的热量,并带走从轴封渗漏出来的少量液体;冷却泵的支座,以防因热膨胀而引起与电动机同心度偏离填料水套,冷却水用以降低填料温度,改善机械密封工作条件,延长其使用寿命。

B.在泵的运行中要经常检查冷却水系统的流量和温度,保证水流畅通,冷却效果良好,无过热现象,热油泵严禁在冷却水中断的情况下运行。

⑦检查电流表、电压表、压力表等仪表是否正常。

⑧检查地脚螺栓和各零部件是否紧固。

⑨当发现运行参数超标等异常情况时,应及时查明原因处理。

⑩检查阀门的开关情况和开度。

⑪检查吸入侧和排出侧的液面变化和管路是否漏气、漏液等。

⑫备用泵必须保持完好备用状态,按规定盘车,确保机泵能随时启动。

⑬特殊及重要的机泵要注意定期检查并更换不合格的零部件、清洗管路及各阀门、过滤器。

⑭做好环境卫生,保证机泵各部处于完好状态,并及时处理好机泵各部的泄漏点。

⑮冬季、室外的泵应注意做好防冻防凝工作,在停车后要放出泵内液体(如工艺允许时),并采取必要的保暖防冻措施。

⑯长期停用的泵,应将泵拆开来,擦去水渍、铁锈,在加工面和螺栓上涂上保护油,再拼装起来,做好妥善的保管工作。

⑰按要求认真填写机泵运行和操作记录。

五、离心泵操作的注意事项

①一般离心泵启动前必须关闭出口阀,高压离心泵(工作压力大于 6 MPa)的排出阀在启动前可稍开部分。

②启动前要使泵内灌满液体,必须绝对避免空运转。

③泵在冬天必须做好防冻防凝工作。

④检查吸入侧和排出侧的液面变化和管路是否漏气、漏液。

⑤检查阀门的开关情况和开度。

●任务实施

1.启机操作

离心泵系统如图 2-15 所示。

①观察吸入口、管路有无异常、杂物,确认可以启动。

②开启灌泵阀,在泵壳内灌满水。

③开启排气阀。

④待气放尽后,关闭排气阀和灌泵阀。

⑤关闭出口阀门。

⑥单击电源绿色按钮,启动水泵。

⑦当出口压力表起压,开启出口阀门,调节流量调节阀。

⑧待流量稳定后从表上读取流量。

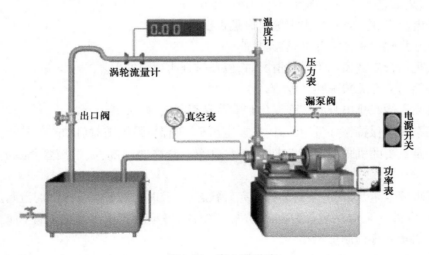

图 2-15　离心泵系统

2.停机操作

关闭出口阀门,单击电源红色按钮停机。

3.离心泵的日常维护

按照前述逐项进行。

 **●知识拓展**

泵站系统

泵站是排水系统中一个重要的建筑物,对整个系统来说只是起到提升和输送液体的作用,功能比较单一,但是泵站作为一个系统,它有一套完整的结构体系来保证其正常运行,使其功能得以正常发挥。泵站组成包括:进水设施、电动机间、水泵间、变配电所、控制室及休息室等。

项目 3

液压系统的检修

任务 3.1　液压系统常见故障分析与排除

●知识目标

1. 了解液压传动的优缺点、工作原理。
2. 了解液压系统重新启动的步骤。
3. 掌握液压系统常见故障的原因分析。
4. 掌握液压系统故障的诊断方法。

●技能目标

应用液压系统故障的诊断方法能对液压系统常见故障进行分析与排除。

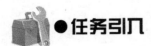●任务引入

1. 具体任务
液压系统常见故障分析与排除。

2.任务分析

液压传动系统由于其独特的优点,即具有广泛的工艺适应性、优良的控制性能和较低廉的成本,在各个领域中获得越来越广泛的应用。但由于客观上元件、辅件质量不稳定和主观上使用、维护不当,引起液压系统故障的原因多种多样,并无固定规律可循。在生产现场,由于受生产计划和技术条件的制约,要求故障诊断人员准确、简便和高效地诊断出液压设备的故障;要求维修人员利用现有的信息和现场的技术条件,尽可能地减少拆装工作量,节省维修工时和费用,用最简便的技术手段,在尽可能短的时间内,准确地找出故障部位和发生故障的原因并加以修理,使系统恢复正常运行,并力求以后不再发生同样故障。

 ●主要知识内容

液压技术是一门研究以密封容器中的受压液体为传动介质,来实现能量传递和控制的学科,液压系统如图3-1所示。

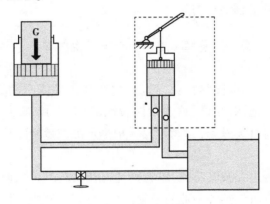

图 3-1　液压系统

一、液压传动的工作原理

①液压传动是以密封容器中的受压液体作为传递动力和运动的工作介质的。

②执行元件所能承载的大小与油液压力和液压缸活塞有效作用面积有关,而它的运动速度取决于流量的大小。

③液压传动装置本质上是一种能量转换装置,液压泵先把机械能转换为便于输送的油液压力能,通过液压回路后,执行元件又将油液压力能转换为机械能输出做功。

二、液压系统的组成

1. 动力元件

液压泵将原动机输入的机械能转换成为流体的压力能,以驱动执行元件。

2. 执行元件

液压缸或液压马达将流体的压力能转换为机械能,以驱动工作部件。

3. 控制元件

液压控制阀控制和调节液压系统中流体的压力、流量和流动方向,以保证工作机构完成预定的工作运动。

4. 辅助元件

组成完整系统,使系统正常工作和便于监测控制。

5. 传动介质

液压油传递运动和动力,同时起润滑、冷却液压元件及间隙密封的作用。

三、液压系统故障的诊断方法

通过直观检查法,按"看、听、摸、闻、阅、问"六字口诀进行。

1. 看

一看速度(有无变化和异常现象);二看压力(各压力监测点的大小和变化情况);三看油液(是否清洁、变质、有泡沫、液位、黏度);四看泄漏(各连接部位是否有渗漏现象);五看振动(执行元件在工作时有无跳动);六看产品(根据产品质量判断执行机构的工作状态)。

2. 听

一听噪声(噪声是否过大及其特征,压力阀是否有尖叫声);二听冲击声(缸换向时的冲击、阀换向时的冲击);三听气蚀和困油的异常声(泵是否进空气、是否有困油现象);四听敲打声(是否有泵的损坏引起的敲打声)。

3. 摸

一摸升温(摸泵、油箱、阀);二摸振动(摸运动部件和管路振动情况,注意高频振动);三摸爬行(低速时摸工作台);四摸松紧程度(挡铁、微动开关、紧固螺钉)。

4. 闻

用嗅觉器官辨别油液是否发臭变质,橡胶件是否因过热发出特殊气味等。

5. 阅

查阅有关故障分析和修理记录以及日常维修保养情况记录。

6. 问

一问液压系统工作是否正常,液压泵有无异常现象;二问液压油更换时间,滤网是否清洁;三问事故发生前有哪些不正常现象;四问事故前是否更换过密封件或液压件;五问过去经常出现哪些故障,是怎样排除的。

四、液压系统常见故障的原因分析

液压系统常见故障的原因分析见表 3-1。

表 3-1　液压系统常见故障的原因分析

故　障	产生原因
工作压力失常、压力上不去	①溢流阀等压力调节阀故障 ②阀芯与阀体间隙泄漏 ③卸荷阀卡死在卸荷位置 ④系统内外泄漏
欠速	①泵输出流量不够和输出压力提不高;溢流阀主阀芯卡死在小开口位置,有效流量减少;系统的内外泄漏,液压缸两腔串腔;快进时阻力过大;导轨缺油、镶条过紧、缸的安装精度和装配精度差 ②工作压力增高,泄漏增大;油温升高,泄漏增大;杂质堵塞节流口;系统内进入空气
振动和噪声	①液压元件产生的振动和噪声 ②电动机振动、轴承磨损引起振动 ③液压设备上安装的元件之间共振 ④液压缸内存在空气,使活塞产生振动 ⑤阀换向引起压力剧变产生振动
爬行	①处于动、静摩擦的边界摩擦状态 ②传动系统的刚度不足 ③运动速度太低,而运动件的质量较大
液压油的污染	①元件制造过程中混入的切削、焊渣、尘埃等 ②储运过程中混入的雨水、尘埃等 ③安装过程中混入的清洗油、碰撞脱落物 ④使用过程中的外部侵入物和内部的异物
系统温升	①液压系统设计不合理,造成先天性不足 ②加工制造和使用方面造成的发热升温
空穴现象	①空气混入油液形成空穴 ②油泵产生空穴 ③节流缝产生空穴 ④压力降低,溶解于油液中的空气处于过饱和状态,空气逸出
液压冲击	①阀口突然关闭产生液压冲击 ②运动部件在高速运动中突然停止或换向产生的液压冲击

●任务实施

实施方法:实训过程中由实训教师给定不同的故障,学生分组对不同故障进行排除并对整个过程进行相应记录、考核。

查找故障液压元件的步骤

液压系统故障分析步骤如图3-2所示。

①液压传动设备运转不正常,如运动不稳定、运动方向不正确、运动速度不符合要求、动作顺序错乱、输出力不稳定、泄漏严重、爬行等。无论什么原因,都可归纳为流量、压力、方向3大问题。

②审校液压回路图,并检查每个液压元件,确认它的性能和作用,初步评定其质量状况。

③列出与故障相关的元件清单,逐个进行分析排除。特别是不可遗漏对故障有重大影响的元件。

④对清单中所列出的元件,按以往的经验和元件检查的难易程度排列次序,并列出重点检查的元件和元件的重点检查部位。

⑤对清单中的重点元件进行初检。初检内容:元件的使用和装配是否合适;元件的测量装置、仪器和测试方法是否合适;元件的外部信号是否合适;元件对外部信号是否会响应;特别注意元件是否有过高的温度、噪声、振动和泄漏。

⑥如果初检中未查出故障,则要用仪器反复检查。

⑦识别出发生故障的元件,进行修理和更换。

⑧重新启动主机前,认真思考本次故障的原因和后果。如果故障是污染或油温过高引起的,则应考虑其他元件也有出现故障的可能性,同时应对隐患采取相应的措施。更换元件之前先对系统进行清洗和过滤。

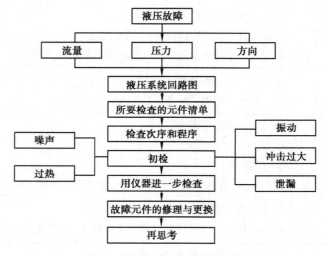

图3-2 液压系统故障分析步骤

●知识拓展

液压传动的主要优缺点。

1. 主要优点

①无级调速。

②传递功率大,元件布置灵活。

③易实现过载保护。

④工作平稳。

⑤便于实现自动化。

⑥元件能够自行润滑,使用寿命长。

⑦液压元件易实现系列化、标准化和通用化。

2. 主要缺点

①传动比不稳定(泄漏)。

②对油温变化敏感。

③不宜远距离输送动力,传动效率较低。

④元件制造精度要求高,加工装配较困难,且对油液的污染较敏感。

⑤不易查找故障。

●技能拓展

液压系统重新启动的步骤如下:

图 3-3　液压系统重新启动的步骤

　　在排除液压系统故障后,不能操之过急,盲目启动,必须遵照一定的要求和程序启动(图3-3),否则旧的故障排除了,新的故障又会产生。

任务3.2　液压泵的故障诊断

●知识目标

1.掌握液压泵的分类。
2.了解液压泵的使用注意事项。

●技能目标

1.了解齿轮泵故障及维修要点。
2.掌握液压泵常见故障及处理方法。
3.掌握柱塞式喷油泵的检修。

●任务引入

1.具体任务
具体任务为柱塞式喷油泵的检修。
2.任务分析
液压泵是液压系统的动力元件,也是液压系统的心脏部位,一旦泵发生故障系统就不能正常工作。而液压系统大多使用柱塞泵,因此掌握柱塞泵的故障对以后液压维护是很必要的。

●主要知识内容

一、液压泵的概述

　　液压泵是液压系统的动力元件,其作用是将原动机的机械能转换成液体的压力能,它向整个液压系统提供动力。液压泵的结构形式一般有齿轮泵、叶片泵和柱塞泵。

　　齿轮泵由两个齿轮、泵体与前后盖组成两个封闭空间,当齿轮转动时,齿轮脱开侧空间的体积从小变大,形成真空,将液体吸入,之后齿轮啮合侧空间的体积从大变小,而将液体挤入管路中去。吸入腔与排出腔是由两个齿轮的啮合线来隔开的。齿轮泵的排出口的压力取决于泵出口处阻力的大小,如图3-4所示。

图 3-4　齿轮泵

　　柱塞泵是液压系统的一个重要装置。它依靠柱塞在缸体中作往复运动,使密封工作容腔的容积发生变化来实现吸油、压油。柱塞泵具有额定压力高、结构紧凑、效率高和流量调节方便等优点,被广泛应用于高压、大流量和流量需要调节的场合,诸如液压机、工程机械和船舶,柱塞泵如图3-5所示。

图 3-5　柱塞泵

二、液压泵常见故障及处理方法

液压泵常见故障及处理方法见表3-2。

表3-2　液压泵常见故障及处理

故障现象	故障分析	排除方法
不出油、输油量不足、压力上不去	①电动机转向不对 ②吸油管或过滤器堵塞 ③轴向间隙或径向间隙过大 ④连接处泄漏,混入空气 ⑤油液黏度太大或油液温升太高	①检查电动机转向 ②疏通管道,清洗过滤器,换新油 ③检查更换有关零件 ④紧固各连接处螺钉,避免泄漏,严防空气混入 ⑤正确选用油液,控制温升
噪声严重、压力波动厉害	①吸油管及过滤器堵塞或过滤器容量小 ②吸油管密封处漏气或油液中有气泡 ③泵与联轴节不同心 ④油位低 ⑤油温低或黏度高 ⑥泵轴承损坏	①清洗过滤器使吸油管通畅,正确选用过滤器 ②在连接部位或密封处加点油,如噪声减小,拧紧接头或更换密封圈;回油管口应在油面以下,与吸油管要有一定的距离 ③调整阀芯 ④加油液 ⑤把油液加热到适当的温度 ⑥检查(用手触感)泵轴承部分温升
泵轴颈油封漏油	漏油管道液阻力大,使泵体内压力升高到超过油封许用的耐压值	检查柱塞泵泵体上的泄油口是否用单独油管直接接通油箱。若发现把几台柱塞泵的泄漏油管并联在一根同直径的总管后再接通油箱,或者把柱塞泵的泄油管接到总回油管上,则应予改正。最好在泵泄漏油口接一个压力表,以检查泵体内的压力,其值应小于0.08 MPa

●任务实施

柱塞式喷油泵的检修

①检查柱塞有无伤痕和锈蚀现象,必要时应更换新品。

②检查柱塞副配合情况。将柱塞端头插入柱塞套内,倾斜约60°,若柱塞能在自身作用下缓慢地下滑为配合良好。

③检查柱塞副的密封性。用手握住柱塞套,两个手指堵住柱塞顶端和侧面的进油口。用另一只手拉出柱塞,感到有较大的吸力,放松柱塞立即缩回原位,表明柱塞副密封良好,否

则应更换柱塞副。

④检查出油阀副减压环带是否磨损有台阶或伤痕现象,必要时应予以更换。

⑤检查出油阀副的配合情况。用手指堵住出油阀下孔,用另一手指将出油阀轻轻向下压,当手指离开出油阀上端时,它能自动弹回原位,表明出油阀副密封良好,否则应更换出油阀副。

⑥检查挺柱体。喷油泵体和挺柱体之间的标准间隙为 0 ~ 0.03 mm,如超过 0.04 mm,则应更换零件。

⑦检查柱塞凸缘和控制套的凹槽之间的间隙,应为 0.02 ~ 0.08 mm,如超过 0.12 mm,必须更换控制套。

●知识拓展

使用液压泵的注意事项

1. 泵的启动

①液压泵安装好以后,要用手转动联轴器,查看安装是否合格。

②在启动前必须通过泵壳上的泄油口向泵内灌满清洁的液压油,否则不可启动。

③在泵启动前要根据油位指示计检查油箱的油量,避免出现吸空而产生气穴现象。

④用油温计检查油温,避免泵在 0 ℃ 以下启动。

⑤泵的启动应进行点动。在点动中,确认油流方向正确与液压泵声音正常后再连续运行。

⑥液压泵不能满负载启动,否则将降低液压泵的使用寿命并引起电动机过载。

2. 运行中和停车时

①低负载运转。启动后,先使泵在 1.0 ~ 2.0 MPa 的压力下运转 10 ~ 20 min。

②满负载运转。低负载运转且未发现异常情况后,逐渐调整溢流阀的压力至液压系统的最高压力运转 15 min,检查系统是否正常。

③检查了解泵的运行效率。

④检查泵轴和连接处的漏油情况,高温、高压时要特别注意发生泄漏。

⑤观察装在泵吸入管处的真空表的指示值,正常运转时,其值应在 127 mm 汞柱以下。

⑥不能在满载的情况下突然停车。

液压泵的选用

1. 液压泵的选用原则

根据主机工况、功率大小和系统对工作性能的要求,首先确定液压泵的类型,然后按系统所要求的压力、流量大小确定其规格型号。

通常要考虑以下几个方面因素：
①是否要求变量。
②工作压力。
③工作环境。
④噪声指标。
⑤效率。
2. 确定泵的额定流量
3. 确定泵的额定压力
4. 选择泵的结构形式

任务3.3　液压缸的故障诊断

1. 掌握单活塞杆式液压缸的结构。
2. 掌握液压缸的故障现象及故障原因。

1. 能根据液压缸的故障现象分析故障原因。
2. 识别发生故障的元件并进行简单修理和更换。
3. 能简单选用液压缸用液压油。

1. 具体任务
具体任务为液压缸的故障诊断与使用维护工作。
2. 任务分析
液压缸是液压系统中将液压能转换为机械能的执行元件。其故障可基本归纳为液压缸误动作、无力推动负载以及活塞滑移或爬行等。由于液压缸出现故障而导致设备停机的现象屡见不鲜,因此,应重视液压缸的故障诊断与使用维护工作。

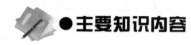

● 主要知识内容

一、液压缸概述

液压缸是将液压能转变为机械能的、做直线往复运动(或摆动运动)的液压执行元件。它结构简单、工作可靠,用它来实现往复运动时,可免去减速装置,并且没有传动间隙,运动平稳。因此在各种机械的液压系统中得到广泛应用。液压缸输出力和活塞有效面积及其两边的压差成正比。液压缸基本上由缸筒和缸盖、活塞和活塞杆、密封装置、缓冲装置与排气装置组成。缓冲装置与排气装置视具体应用场合而定,其他装置则必不可少。单活塞杆式液压缸如图 3-6 所示。

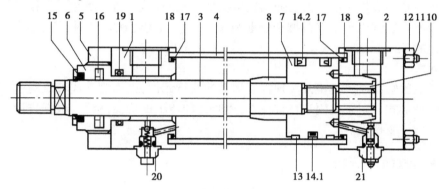

图 3-6　单活塞杆式液压缸

1—缸盖;2—缸底;3—活塞杆;4—缸筒;5—法兰;6—导向套;7—活塞;
8,9—缓冲柱塞;10—螺纹衬套;11—螺栓;12—螺母;13—支撑环;
14.1—密封(T 型);14.2—密封(A 型);15—防尘圈;16—活塞杆密封;
17,19—O 形圈;18—支撑环;20—单向阀;21—节流阀

二、液压缸分类

根据常用液压缸的结构形式,可将其分为 4 种类型。

1. 活塞式(活塞杆与缸套接触)

(1)双杆活塞式液压缸

双杆活塞式液压缸运动范围如下所示。

a. 工作台的运动范围略大于缸的有效行程的 3 倍,因此占地面积较大,一般用于小型设备的液压系统。

b. 其运动范围略大于缸的有效行程的 2 倍。在有效行程相同的情况下,其所占空间比缸体固定的要小。常用于行程较长的大、中型设备的液压系统。

（2）单杆活塞式液压缸

在输入流量和工作压力相同的情况下单杆活塞差动连接时能使其速度提高,同时其推力下降。

2.柱塞式(柱塞不与缸套接触)

①柱塞式液压缸是一种单作用式液压缸,靠液压力只能实现一个方向的运动,柱塞回程要靠其他外力或柱塞的自重。

②柱塞只靠缸套支承而不与缸套接触,这样缸套极易加工,故适于做长行程液压缸。

③工作时柱塞总受压,因而它必须有足够的刚度。

④柱塞质量往往较大,在水平放置时容易因自重而下垂,造成密封件和导向的单边磨损,故其垂直使用更有利。

3.伸缩式

伸缩式液压缸具有二级或多级活塞,伸缩式液压缸中活塞伸出的顺序是从大到小,而空载缩回的顺序则一般是从小到大。伸缩缸可实现较长的行程,而缩回时长度较短,结构较为紧凑。此种液压缸常用于工程机械和农业机械上。各活塞逐次运动时,其输出速度和输出力均是变化的。

4.摆动式

摆动式液压缸是输出扭矩并实现往复运动的执行元件,也称摆动式液压马达,有单叶片和双叶片两种形式。定子块固定在缸体上,而叶片和转子连接在一起。根据进油方向,叶片将带动转子做往复摆动。

三、液压缸故障分析

1.故障现象:移动速度下降

原因分析:

①供油量不足(泵、阀原因)。

②严重泄漏(缸体与活塞配合间隙大、密封件损坏)。

③油温过高、黏度太低。

④外载较大时,流量元件选择不当,压力元件调压过低。

关键问题:供油不足、严重泄漏、外载过大。

2.故障现象:推力不足

原因分析:

①缸内泄漏严重(密封件磨损、老化、损坏或唇口装反)。

②系统调定压力过低。

③活塞移动时阻力太大(摩擦、间隙、装配制造原因)。

④脏物进入滑动部位。

关键问题:缸内工作压力过低、移动时阻力增加。

3. 故障现象：活塞爬行

原因分析：

①缸内有空气或油中有气泡。

②液压缸无排气装置(工作之前先将空气排出)。

③导轨精度差，镶条调得过紧。

④导轨润滑不良，出现干摩擦。

关键问题：液压缸内有空气、液压缸工作系统刚性差、摩擦力或阻力变化大。

4. 故障现象：终点速度过慢或出现撞击声

原因分析：

①固定式节流缓冲装置配合间隙过小或过大。

②可调式节流缓冲装置调节不当(节流过度或处于全开)。

③缓冲装置制造和装配不良(缸盖上的缓冲环脱落、单向阀装反、阀座密封不严)。

关键问题：缓冲作用过大、缓冲装置失去作用。

 **●任务实施**

实施方法：实训过程中由实训教师给定不同的液压缸故障，学生分组对不同故障进行排除并对整个过程进行相应记录、考核。

实训步骤如下：

①根据故障现象分析故障原因。

②对照液压回路图，列出与故障相关的元件清单，逐个进行分析。不可遗漏对故障有重大影响的元件。

③对清单中所列出的元件，按以往的经验和元件检查的难易程度排列次序。并列出重点检查的元件和元件的重点检查部位。

④对清单中的重点元件进行初检。

⑤如果初检中未查出故障，则进行复检。

⑥识别出发生故障的元件，进行修理和更换。

⑦重新启动主机。

 ●知识拓展

液压缸对密封装置的要求如下：

①良好的密封性，且能随压力升高而自动提高密封性能。

②运动密封处摩擦阻力要小。

③结构简单，工艺性要好。

④密封件应有良好的耐磨性和足够的寿命。

● 技能拓展

液压缸用液压油的选用如下。

①在常温下工作的液压缸，一般采用石油型液压油。

②在高温(>60 ℃)下工作的液压缸，须采用难燃液压油。

③一般液压缸所用的液压油运动黏度范围为 $[(12 \sim 28) \times 10^{-6}]$ m^2/s。

④液压油过滤精度要求：一般弹性密封件的液压缸为 20 ~ 25 μm；伺服液压缸为 10 μm；用活塞环的液压缸为 200 μm。

任务 3.4   液压马达的故障诊断

● 知识目标

1. 掌握液压马达的分类。

2. 掌握液压马达的安装注意事项。

3. 了解液压马达的使用维护要点。

● 技能目标

1. 会规范拆装液压马达。

2. 掌握液压马达的常见故障及排除方法。

● 任务引入

1. 具体任务

具体任务为液压马达的故障诊断。

2.任务分析

在液压系统中,液压马达是液压系统的主要执行元件。通过对各种液压马达的故障诊断,应达到以下目的。

①了解各种液压马达的典型结构、性能特点等。

②掌握液压马达各组成部分的功用、工作原理。

③掌握液压马达的常见故障及排除方法,培养学生实际动手能力和分析问题、解决问题的能力。

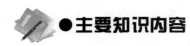

●主要知识内容

一、液压马达的概述

液压马达是将液体压力能转换为机械能的装置,输出转矩和转速,是液压系统的执行元件。马达与泵在原理上有可逆性,但因用途不同而在结构上有所差别:马达要求正反转,其结构具有对称性;而泵为了保证其自吸性能,结构上采取了某些措施。液压马达也称为油马达,主要应用于注塑机械、船舶、卷扬机、工程机械、建筑机械、煤矿机械、矿山机械、冶金机械、船舶机械、石油化工、港口机械等。

二、液压马达的分类

以结构形式分为齿轮式、叶片式、柱塞式。

1.齿轮式液压马达

齿轮式液压马达主要结构特点为:进出油口大小相同、具有对称性;有单独的外泄油口将轴承部分的泄漏油引出壳体外;采用滚动轴承;齿数也比相应的液压泵更多。

齿轮液压马达由于密封性差、容积效率较低、输入油压力不能过高,不能产生较大转矩。并且瞬间转速和转矩随着啮合点的位置变化而变化,因此齿轮液压马达仅适合于高速小转矩的场合。一般用于工程机械、农业机械以及对转矩均匀性要求不高的机械设备上,如图3-7所示。

2.叶片式液压马达

叶片式液压马达主要结构特点:叶片均径向安放;采用弹簧使叶片始终伸出贴紧定子;在叶片底槽通入压力液体。

叶片式液压马达体积小、转动惯量小、动作灵敏、可适用于换向频率较高的场合;但泄漏量较大、低速工作时不稳定。因此叶片式液压马达一般用于转速高、转矩小和动作要求灵敏的场合,如图3-8所示。

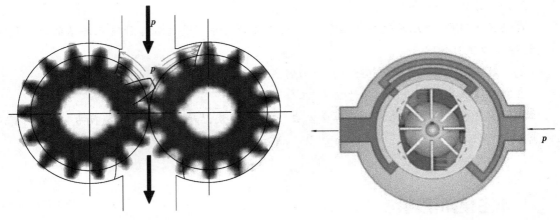

图 3-7　齿轮式液压马达　　　　　图 3-8　叶片式液压马达

3. 柱塞式马达

　　柱塞沿径向放置的泵称为径向柱塞泵,柱塞沿轴向布置的泵称为轴向柱塞泵。轴向柱塞马达的基本结构与轴向柱塞泵基本相同,斜盘和配油盘固定不动,缸体(转子)和马达传动轴用键相连一起转动。当压力油通过配油盘窗口输入缸体柱塞孔中时,压力油对柱塞产生作用力,将柱塞顶出,紧紧顶在斜盘端面上,斜盘给每个柱塞的反作用力 F 是垂直于斜盘端面的,压力分解为轴向分力和径向分力,如图 3-9 所示。

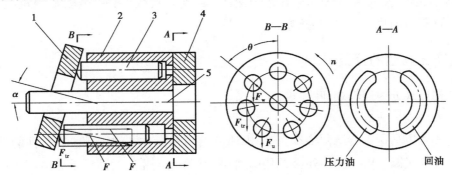

图 3-9　液压马达的工作原理

1—斜盘;2—缸体;3—柱塞;4—配油盘;5—马达盘

　　轴向分力与柱塞上的液压推力相平衡,而径向分力与柱塞轴线垂直,且对缸体中心产生转矩,从而驱动马达轴旋转,输出转矩和转速。改变进油方向可改变其转向;改变斜盘与马达轴的夹角就改变了排量,成为变量马达。

三、液压马达使用维护要点

　　①转速和压力不能超过规定值。
　　②通常对低速马达的回油口应有足够的背压,对内曲线马达更应如此,否则滚轮有可能脱离曲面而产生撞击,轻则产生噪声,降低寿命;重则击碎滚轮,使整个马达损坏。一般背压

值为0.3～1.0 MPa,转速越高,背压应越高。

③避免在系统有负载的情况下突然启动或停止。在系统有负载的情况下突然启动或停止制动器会造成压力尖峰,泄压阀不可能反应得那么快,从而保护马达免受损害。

④使用具有良好安全性能的润滑油,润滑油的号数要适用于特定的系统。

⑤经常检查油箱的油量。这是一种简单但重要的防患措施。如果漏点没被发现或没被修理,那么系统会很快丧失足够的液压油,而在泵的入口处产生涡旋,使空气能吸入,从而产生破坏作用。

⑥尽可能使液压油保持清洁。大多数液压马达故障的背后都潜藏着液压油质量的下降。故障原因多为固体颗粒(微粒)、污染物和过热造成的,水和空气也是重要因素。

⑦捕捉故障信号,及时采取措施。声音、振动和热度的微小变化都会意味着马达存在问题。发出咔嗒声意味着存在空隙,坏的轴承或套管可能会发出一种不寻常的"嘶嘶"声,同时有振动。当马达发热时,那么这种显著的热度上升就预示着存在故障。马达性能变差的一个可靠迹象能在机器上看出来。如果机器早上运行良好,但在这一天里逐渐丧失动力。这就说明马达的性能在变差,马达已被用旧,存在着内部泄漏,而且泄漏会随温度的升高而增加。由于内部泄漏能使密封垫和衬圈变形,所以也可能发生外部泄漏。

四、液压马达常见故障及排除方法

液压马达常见故障及排除方法见表3-3。

表3-3 液压马达常见故障及排除方法

故障原因	原因分析	排除方法
转速低,输出转矩小	由于滤油器阻塞,油液黏度过大,泵间隙过大,泵效率低,使供油不足	清洗滤油器,更换黏度适合的油液,保证供油量
	电机转速低,功率不匹配	更换电机
	密封不严,有空气进入	紧固密封
	油液污染,堵塞马达内部通道	拆卸、清洗马达,更换油液
	油液黏度小,内泄漏增大	更换黏度适合的油液
	油箱中油液不足,管径过小或过长	加油,加大吸油管径
	齿轮马达侧板和齿轮两侧面、叶片马达配油盘和叶片等零件磨损造成内泄漏和外泄漏	对零件进行修复
	单向阀密封不良,溢流阀失灵	修理阀芯和阀座

续表

故障原因	原因分析	排除方法
噪声过大	进油口滤油器堵塞,进油管漏气	清洗,紧固接头
	联轴器与马达轴不同心或松动	重新安装调整或紧固
	齿轮马达齿形精度低,接触不良,轴向间隙小,内部个别零件损坏,齿轮内孔与端面不垂直,端盖上两孔不平行,滚针轴承断裂,轴承架损坏	更换齿轮,研磨修整齿形,研磨有关零件,重配轴向间隙,对损坏零件进行更换
	叶片和主配油盘接触的两侧面、叶片顶端或定子内表面磨损或刮伤,扭力弹簧变形或损坏	根据磨损程度修复或更换
	径向柱塞马达的径向尺寸严重磨损	修磨缸孔,重配柱塞
泄漏	管接头未拧紧	拧紧管接头
	接合面未拧紧	拧紧螺钉
	密封件损坏	更换密封件
	配油装置发生故障	检修配油装置
	相互运动零件间的间隙过大	重新调整间隙或修理、更换零件

●任务实施

实施方法:实训过程中由实训教师给定不同的液压马达故障,学生分组对不同故障进行排除并对整个过程进行相应记录、考核。

学生实训步骤如下:

①根据故障现象分析故障原因。

②对照液压回路图,列出与故障相关的元件清单,逐个进行分析。不可遗漏对故障有重大影响的元件。

③对清单中所列出的元件,按以往的经验和元件检查的难易程度排列次序。并列出重点检查的元件和元件的重点检查部位。

④对清单中的重点元件进行初检。

⑤如果初检中未查出故障,则进行复检。

⑥识别出发生故障的元件,进行修理和更换。

⑦重新启动主机。

● **知识拓展**

液压马达安装注意事项

马达的传动轴与其他机械连接时要保证同心,或采用挠性连接。

马达的轴承受径向力的能力,对于不能承受径向力的马达,不得将皮带轮等传动件直接装在主轴上。某 YE-160 型皮带输送车皮带驱动马达的故障,是由这类问题造成的。主动链轮由液压马达驱动,被动链轮带动输送皮带辊。据使用者反映,该马达经常出现漏油现象,密封圈更换不足 3 个月就开始漏油。由于该车是在飞机场使用,对漏油的限制要求特别高,所有靠近飞机的车辆严禁漏油,所以维护人员只有不停地更换油封,造成人力、财力和时间上的极大浪费。是什么原因造成的漏油呢? 该液压马达通过链传动来驱动皮带轮,由于链传动也会产生径向力,油封承受径向力后变形,导致漏油。

马达泄漏油管要畅通,一般不接背压。当泄漏油管太长或因某种需要而接背压时,其大小不得超过低压密封所允许的数值。

外接的泄漏油应能保证马达的壳体内充满油,防止停机时壳体里的油全部流回油箱。

对于停机时间较长的马达,不能直接满载运转,应待其空运转一段时间后再正常使用。

● **技能拓展**

确定马达故障需要拆装时,请注意以下事项:

①拆装时不要碰伤各结合面,如有碰伤,需修整后才能装配。

②装配前用汽油或煤油洗净所有零件,禁止使用棉纱或破布擦洗零件,应用毛刷或绸布,切不可将橡胶圈浸在汽油中。马达装好后,在装机前需往两油口加 50～100 mL 的液压油,转动输出轴,如无异常现象方可装机。

③为保证马达旋转方向正确,需注意转子与输出轴的位置关系。

④后盖螺栓必须对角渐次拧紧。

任务 3.5　液压阀的清洗

●知识目标

掌握液压阀的作用;了解液压阀共性;了解液压阀基本要求;了解液压阀的分类。

●技能目标

掌握液压阀清洗步骤。

●任务引入

1. 具体任务

具体任务为液压阀清洗。

2. 任务分析

随着液压阀使用时间的延长,出现故障或失效是必然的。液压阀的故障或失效主要是因磨损、气蚀等因素造成的配合间隙过大、液压阀泄漏以及因液压油污染物沉积造成的液压阀阀芯动作失常或卡紧所致。当液压阀出现故障或失效后,大多数企业采用更换新元件的方式恢复液压系统功能,失效的液压阀则成为废品。事实上,这些液压阀的多数部位尚处于完好状态,经局部维修即可恢复功能。研究液压阀维修的意义还不仅仅是节省元件购置费用,当失效的液压阀没有备件或订购需要很长时间,而设备可能因此而长期停机时,通过维修可以暂时维持设备乃至整个生产线的运行,其经济效益则相当可观。在液压阀维修实践中,常用的修复工艺有液压阀清洗、零件组合选配、修理尺寸等。

●主要知识内容

一、液压阀的作用

对液流的流动方向、压力的高低以及流量的大小进行预期控制,以满足负载的工作要求。如图 3-10 所示的三位四通电磁换向阀和如图 3-11 所示的直动式溢流阀。

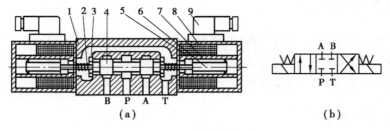

图 3-10　三位四通电磁换向阀

1—阀体;2—弹簧;3—弹簧座;4—阀芯;5—线圈;

6—衔铁;7—隔套;8—壳体;9—插头组件

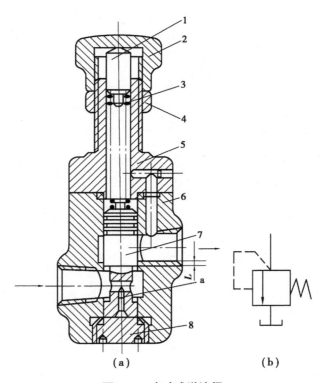

图 3-11　直动式溢流阀

1—调节杆;2—调节螺母;3—调压弹簧;4—锁紧螺母;

5—阀盖;6—阀体;7—阀芯;8—底座;a—阻尼孔

二、液压阀共性

①结构:阀体、阀芯、操纵机构(弹簧或电磁铁等)。

②工作原理:符合孔口流量公式为:$q = KA\Delta pm$。

三、液压阀基本要求

①动作灵敏、使用可靠,冲击和振动小,寿命长。
②压力损失要小,密封性能好,无外泄漏。
③结构简单,使用方便,通用性好。

四、液压阀的分类

1.按用途分
①方向控制阀。
②压力控制阀。
③流量控制阀。
2.按安装连接形式分
①管式连接。
②板式连接。
③叠加式连接。
④插装式连接。
3.按工作压力等级分
①低压阀。
②中压阀。
③高压阀。
4.按控制原理分
①开关阀。
②比例阀。
③伺服阀。
④数字阀。

 ●任务实施

拆卸清洗是液压阀维修的第一道工序。对于因液压油污染造成的油污沉积,或液压油中的颗粒状杂质导致的液压阀故障,经拆卸清洗一般能够排除故障,恢复液压阀的功能。

常见的清洗工艺包括如下内容。

(1)拆卸

虽然液压阀的各零件之间多为螺栓联接,但液压阀设计是面向非拆卸的,如果没有专用设备或专业技术,强行拆卸极可能造成液压阀的损害。因此拆卸前要掌握液压阀的结构和零件间的联接方式,拆卸时记录各零件间的位置关系。

（2）检查清理

检查阀体、阀芯等零件的污垢沉积情况，在不损伤工作表面的前提下，用棉纱、毛刷、非金属刮板清除集中污垢。

（3）粗洗

将阀体、阀芯等零件放在清洗箱的托盘上，加热浸泡，将压缩空气通入清洗槽底部，通过气泡的搅动作用，清洗掉残存污物，有条件的可采用超声波清洗。

（4）精洗

用清洗液高压定位清洗，最后用热风干燥。有条件的企业可以使用现有的清洗剂，个别场合也可以使用有机清洗剂。

（5）装配

依据液压阀装配示意图或拆卸时记录的零件装配关系装配，装配时要小心，不要碰伤零件。原有的密封材料在拆卸中容易损坏，应在装配时更换。

 ●知识拓展

液压阀清洗注意如下问题。

①对于沉积时间长，粘贴牢固的污垢，清理时不要划伤配合表面。

②加热时注意安全。某些无机清洗液有毒性，加热挥发可使人中毒，应当慎重使用；有机清洗液易燃，应注意防火。

③选择清洗液时，注意其腐蚀性，避免对阀体造成腐蚀。

④清洗后的零件要注意保存，避免锈蚀或再次污染。

⑤装配好的液压阀要经试验合格后方能投入使用。

 ●技能拓展

当阀的铭牌不清楚时，不用拆开，就可以判断哪个是溢流阀、减压阀和顺序阀，其步骤如下所示。

第一步：认出减压阀

根据进、出油口的连通情况判断。减压阀在静止状态时是常开的，进出油口相通；溢流阀和顺序阀在静止状态时是常闭的。向各阀进油口注入清洁的油液能从出油口通畅地排出大量油液的是减压阀。

第二步：油口多者是顺序阀，少者是溢流阀

（直动式溢流阀有进油口 P 和出油口 T，直动式顺序阀还有泄油口；先导式溢流阀有进出油口和一个外控口,而且遥控口不用时用丝堵堵死,所以从表面上看只有两个孔,而先导式顺序阀有进出油口、泄油口和外控口各一。)

任务3.6 液压油的选用

 ●知识目标

1.了解液压油的用途和种类。

2.了解液压油的管理和使用。

3.掌握对液压油的基本要求和选择。

 ●技能目标

1.了解液压油质量判断与处理措施。

2.掌握液压油选用步骤。

 ●任务引入

1.具体任务

具体任务为液压油的选用。

2.任务分析

液压油是液压系统传递动力的介质,同时又是系统的润滑剂与冷却剂。它对于提高液压系统的可靠性、延长液压元件的使用寿命及节省资源、节省能源等方面都有直接的影响,近年来我国已试成投产了多种专用液压油,以供液压设备在各种工况下使用。但是,如果对液压油选择不当、使用不慎或更换不及时,则会导致液压油过早地污染变质,加速液压元件的损坏,严重影响液压设备的正常运转和效率,甚至造成重大事故。

●主要知识内容

一、对液压油的基本要求和选择

1. 对液压油的基本要求

①合适的黏度和良好的黏温特性。

②润滑性能好,腐蚀性小,抗锈性好。

③质地纯净,杂质少。

④对金属和密封件有良好的相容性。

⑤氧化稳定性好,长期工作不易变质。

⑥抗泡沫性和抗乳化性好。

⑦体积膨胀系数小,比热容大。

⑧燃点高,凝点低。

⑨对人体无害,成本低。

2. 液压油的选择

(1)选择依据

①液压元件生产厂样本或说明书所推荐的油类品种和规格。

②根据液压系统的具体情况,如工作压力高低、工作温度高低、运动速度大小、液压元件的种类、工作环境等。

(2)选择的内容

①液压油的品种。

②液压油的黏度。

二、液压油的用途和种类

1. 液压油的用途

①传递运动与动力。

②润滑。

③密封。

④冷却。

2. 液压油的种类

液压油总体可分为矿物型液压油、乳化型液压油和合成型液压油 3 大类,常用的液压油见表3-4。

表 3-4　液压油的主要品种及其特性和用途

类　型	名　称	ISO 代号	特性和用途
矿物油型	普通液压油	L-HL	精制矿油加添加剂,提高抗氧化和防锈性能,适用于室内一般设备的中低压系统
	抗磨液压油	L-HM	L-HL 油加添加剂,改善抗磨性能,适用于工程机械、车辆液压系统
	低温液压油	L-HV	L-HM 油加添加剂,改善黏温特性,可用于环境温度在 $-20 \sim -40$ ℃的高压系统
	高黏度指数液压油	L-HR	L-HL 油加添加剂,改善黏温特性,VI 值达 175 以上,适用于对黏温特性有特殊要求的低压系统,如数控机床液压系
	液压导轨油	L-HG	L-HM 油加添加剂,改善黏滑性能,适用于机床中液压和导轨润滑合用的系统
	全损耗系统用油	L-HH	浅度精制矿油,抗氧化性、抗泡沫性较差,主要用于机械润滑,可作液压代用油,用于要求不高的低压系统
	汽轮机油	L-TSA	深度精制矿油加添加剂,改善抗氧化、抗泡沫等性能,为汽轮机专用油,可作液压代用油,用于一般液压系统
乳化型	水包油乳化液	L-HFA	水包油乳化液又称高水基液,特点是难燃、黏温特性好,有一定的防锈能力,润滑性差,易泄漏。适用于有抗燃要求,油液用量大且泄漏严重的系统
	油包水乳化液	L-HFB	既具有矿油型液压油的抗磨、防锈性能,又具有抗燃性,适用于有抗燃要求的中压系统
合成型	水-乙二醇液	L-HFC	难燃,黏温特性和抗蚀性好,能在 $-30 \sim 60$ ℃下使用,适用于有抗燃要求的中低压系统
	磷酸酯液	L-HFDR	难燃,润滑抗磨性能和抗氧化性能良好,能在 $-54 \sim 135$ ℃使用,缺点是有毒。适用于有抗燃要求的高压精密液压系统

三、液压油的管理和使用维护

1. 液压油保管
①存放在清洁处。
②保持干燥。
③保持液压系统清洁。

④定期检查液压油。

2. 液压油温度管理

①油温的影响。

②油温的控制。

3. 换油

(1)液压油的性状评定方法

①采取在现场抽样,观察其颜色、气味、有无沉淀物,并与新油进行比较的定性方法。

②把油样送往分析实验室用定量的方法评定性状变化状况。

(2)换油指标

例如,矿油型液压油的换油指标:密度(g/mL):±5%;黏度(cst,40 ℃):±10;闪点(℃):±60;中和值(mgKOH/g):+5 ~ 10。

●任务实施

液压油选用步骤如下所示。

①了解液压系统和设备的组成、结构、参数和使用方向(工况)。

②确定液压油的各项特性及其允许范围。

③查阅资料或说明书,确认符合特性要求的液压油。

④对要求和参数进行权衡、综合与调整。

⑤结合液压油供应商或制造企业的意见,选购合适的液压油类型和牌号。

●知识拓展

(1)液压油污染源与污染危害性

引起液压油的污染过程包括:运输、安装、运行、维护、储存、自然混入及物化过程。

(2)液压油的污染源及危害

①混入固体颗粒:如灰尘、磨屑、毛刺、锈迹、漆皮、焊渣、絮状物等。加速元件磨损,堵塞并系统性能下降,产生噪声。

②混入水:氧化油液,与添加剂作用产生胶质物。

③混入空气:引起气蚀,降低油液润滑性和体积模量。

④混入化学物质:如溶剂、表面活性化合物等腐蚀金属及油液变质。

⑤混入微生物:引起油液变质,降低润滑性和加速元件腐蚀。

⑥温度过高:导致密封不良,元件损害,系统性能下降,油液变质等。

●技能拓展

液压油质量判断与处理措施

液压油的质量好坏可以通过以下指标进行判断。

(1)油中水分的判断

①爆裂试验。把薄金属片加热到 110 ℃以上,滴一滴液压油,如果油爆裂证明液压油中含有水分,此方法能检验出油中 0.2% 以上的含水量。

②棉球试验。取干净的棉球或棉纸,蘸少许被测液压油,然后点燃,如果发出"噼啪"炸裂声和闪光现象,证明油中含有水。

(2)外观颜色的判断

液压油呈乳白色混浊状,表明液压油含有水;液压油呈黑褐色,表明液压油已高温氧化。

(3)黏度的简单判断

①"手捻"法。虽然黏度随温度的变化和个人的感觉,往往存在较大的人为误差,但用这种方法比较同一油品使用前后黏度的变化是可行的。

②玻璃倾斜观测法。将两种不同液压油各取一滴滴在一块倾斜的干净玻璃上,看哪种流动较快,则其黏度较低。

(4)油液污染的油滴斑点试验

取一滴被测液压油在滤纸上,观察斑点的变化情况,液压油迅速扩散,中间无沉积物,表明油品正常;液压油扩散慢,中间出现沉积物,表明油已变坏。

判别液压油质量状况的方法有很多,以上仅是从矿山机械野外、井下作业,条件恶劣的方面考虑的几种简单方法。

项目 4

往复式压缩机的维护与检修

任务 4.1　空气压缩机的分类与型号

●**知识目标**

1. 掌握活塞式空气压缩机的常用类型。
2. 了解空气压缩机的型号表示方法。

●**任务引入**

　　只有熟悉压缩机的规格型号及原理,才能合理正确地选用压缩机;要维修空压机,首先要了解它属于哪一类型的压缩机,了解它的结构原理以及规格型号,才能有针对性、有重点地进行。本任务要求掌握教学车间全部空压机的规格型号和结构原理。

主要知识内容

一、空气压缩机的分类

空气压缩机是气源装置中的主体,它是将原动机(通常是电动机)的机械能转换成气体压力能的装置,是压缩空气的气压发生装置。空气压缩机按工作原理可分为速度式和容积式两大类,如图4-1所示。

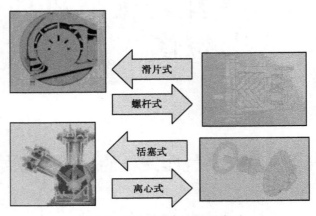

图4-1　常见的空气压缩机类型

1. 速度式

速度式是靠气体在高速旋转叶轮的作用,得到较大的动能,随后在扩压装置中急剧降速,使气体的动能转变成势能,从而提高气体压力。速度式主要有离心式和轴流式两种基本形式。

2. 容积式

容积式是通过直接压缩气体,使气体容积缩小而达到提高气体压力的目的。容积式根据气缸与活塞的特点又分为回转式和往复式两类。

①回转式。活塞做旋转运动,活塞又称为转子,转子数量不等,气缸形状不一。回转式包括有转子式、螺杆式、滑片式等。

②往复式。活塞作往复运动,气缸呈圆筒形。往复式包括活塞式和膜式两种,其中活塞式是目前应用较为广泛的一种类型,活塞式空压机的外形如图4-2所示。

活塞式空压机一般以排气压力、排气量(容积流量)、结构形式和结构特点进行分类。

A. 按排气压力高低分为超高压(≥100 MPa)、高压(10 ~ 100 MPa)、中压(1 ~ 10 MPa)和低压(0.3 ~ 1 MPa)。

图4-2　活塞式空压机

B.接排气量大小分为大型（≥60 m³/min）、中型（10~60 m³/min）、小型（10~60 m³/min）和微型（≤1 m³/min）。

C.按压缩级数分为单级、双级、多级。

D.按气缸容积的利用方式分为单作用、双作用、级差式。

E.按气缸在空间的布置分为立式—Z、卧式—P、对称平衡型—H、M、D、对置式—DZ和角式度—L、W、V、X型。

F.按冷却方式分为风冷式和水冷式。

G.按安装方式分为固定式和移动式。

二、国产压缩机的型号表示法

往复式空气压缩机型号的编制，一般要体现压缩机的结构形式、基础部件受力大小、机器主要参数（排气量、排气压力）及变型（派生）产品序列号，如图4-3所示。

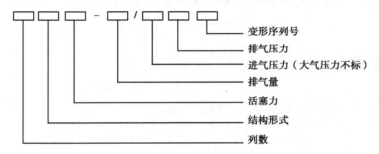

图4-3 往复式空气压缩机型号表示

①如4L—20/8型。

"4"——系列中第四种基本产品；

"L"——气缸排列L型；

"20"——额定排气量 m³/min；

"8"——额定排气压力8 kgf/cm²（注意：1 kgf/cm²=0.1 MPa）。

②如L5.5—40/8型。

"L"——气缸排列为L型；

"5.5"——活塞推力5.5 t；

"40"——额定排气量 m³/min；

"8"——额定排气压力 kgf/cm²。

其他类型压缩机的命名与型号规定比较复杂，不同的厂家不太统一，在此不作进一步介绍。

 ●任务实施

1.观察本车间的空压机，记录其规格、型号和主要性能参数。

2. 总结空压机的基本类型。

3. 总结活塞式空压机的牌号是怎么表示的。

任务4.2　往复式空压机的结构与工作原理

●知识目标

1. 掌握活塞式空气压缩机的工作原理。

2. 掌握空气压缩机的基本结构,认识其主要零部件的结构特点。

●技能目标

能够指出往复式空压机的各零件,清楚其结构特点与作用。

●任务引入

观察往复式空压机的各零部件,掌握其结构特点、功能作用和技术要求,测量关键零件的技术参数,绘制表格填入。

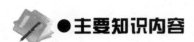

●主要知识内容

一、工作原理

往复式压缩机都有气缸、活塞、气阀,压缩气体的过程可分为膨胀、吸入、压缩、排出,如图4-4所示。

①膨胀。活塞2向左移动时,活塞右边的缸容积增大,压力下降,原来残留在缸中的气体不断膨胀。

②吸入。当压力降至稍小于进气管中的气体压力时,进气管中的气体便推开吸气阀3进入气缸内,随着活塞向左移动,气体不断进入缸内,直至活塞移至最左端(左死点)为止。

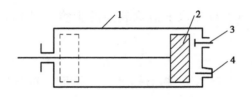

图 4-4 活塞式压缩机气缸示意图
1—气缸;2—活塞;3—吸气阀;4—排气阀

③压缩。当活塞调转方向向右边移动时,活塞右边容积不断缩小,这样便开始了气体压缩过程,由于吸气阀有止逆作用,缸内的气体不能倒回进气管中,而出气管中的气体压力又高于气缸内的压力,缸内的气体无法通过排气阀 4 跑到缸外,出气管中的气体因排气阀有止逆作用,而不能倒入气缸。因此气缸中的气体质量保持一定,只因活塞向右移动,缩小缸内容积,气体压力不断升高。

随着气压不断升高,压缩气体压力升高至稍高于出气管中的气体压力时,缸内的气体便顶开排气阀,进入出气管中,并不断排出,直至活塞移至最右端(右死点)为止。

二、基本结构

1. 基本结构

气缸活塞部分结构如图 4-5 所示。

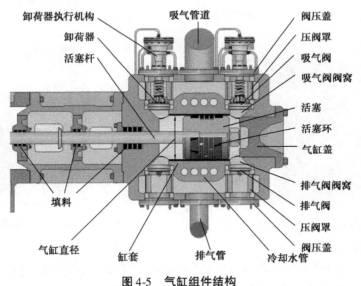

图 4-5 气缸组件结构

2. 主要零部件

(1)空气滤清器

空气滤清器主要负责清除空气中的微粒杂质,减少空压机运行磨损,同时具有消音作用,由滤芯和壳体两部分组成。空气滤清器主要要求是滤清效率高、流动阻力低、能长时间使用而无须保养。通常每 1 000 h 取下清除表面的尘埃,使用低压空气将尘埃由内向外吹除。

(2)吸排气阀

吸排气阀主要负责空气的吸入、压缩与排出。空压机吸气时进气阀片打开,排气阀片关闭。排气时吸气阀片关闭,排气阀片打开,如图4-6所示。

(a)空气滤清器　　　　　(b)吸气阀　　　　　(c)排气阀

图4-6　滤清器与气阀

(3)气缸

气缸是活塞式压缩机中组成压缩容积的主要部分。气缸与活塞配合完成气体的逐级压缩,它要承受气体的压力,活塞在其中作往复运动,气缸应有良好的工作表面以利于润滑并应耐磨,为了散发气体被压缩时产生的热量以及摩擦生热,气缸应有良好的冷却,通常在气缸中设置冷却水夹套,如图4-7所示。

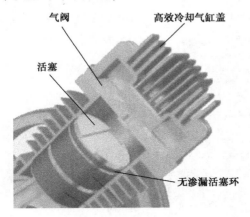

图4-7　气缸的结构

图4-8　活塞和活塞环

(4)活塞和活塞环

活塞在活塞缸内作往复运动,在缸内完成吸入空气和压缩空气的过程。活塞环可分为气环与油环,气环的作用是密封活塞与缸体间隙,最大限度地防止漏气;油环的作用是刮掉气缸壁上多余的机油,并在气缸壁上铺涂一层均匀机油油膜,可防止机油窜入气缸,同时承担导热与支撑作用,减少活塞及活塞环与气缸壁的磨损,其结构如图4-8所示。

（5）曲轴连杆机构

曲轴的旋转带动连杆运动，而活塞和连杆相连，使活塞沿着活塞缸缸壁作直线运动，从而不间断地压缩气体。电动机旋转运动通过皮带传递给空压机机头轮，机头轮旋转带动曲轴做旋转运动，如图4-9所示。

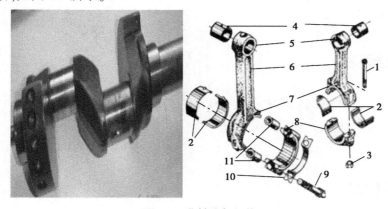

图4-9 曲轴连杆机构

1,9—螺栓；2—轴瓦；3—螺母；4—轴套；5—活塞销孔；

6—连杆体；7—定位销孔；8—连杆盖；10—垫片；11—定位套

（6）其他零部件

其他零部件有：机头、皮带轮、电动机、储气罐、压力表、压力继电器、泄水阀、管路及散热片等。

 ●任务实施

①仔细观察测量空气滤清器、吸排气阀、气缸、活塞和活塞环、曲轴连杆机构、储气罐、泄水阀等零件，文字分析各零件的结构、功能、零件之间的配合关系和技术要求。

②绘制活塞式空压机的运动简图。

 ●知识拓展

离心式压缩机的基本原理

离心式压缩机的核心部分是叶轮叶片和扩压叶片，如图4-10所示。

工作时，叶轮旋转，旋转的叶轮叶片提高气体速度，静止的扩压叶片使速度突然下降从而在蜗壳中提高气体压力，排气压力取决于空气离开叶轮时的速度。

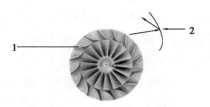

图4-10 离心式空压机的叶轮

1—叶轮叶片；2—扩压叶片

任务4.3　往复式空压机的故障与处理

 **●知识目标**

1. 掌握活塞式空气压缩机经常出现的故障及其原因。
2. 掌握空气压缩机常见故障的处理方法。

 **●技能目标**

能够辨别空压机的故障类型及原因,会处理简单的故障。

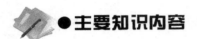 **●主要知识内容**

一、活塞式空压机的常见故障

1. 排气量降低

(1)故障原因

排气量降低的原因有:转速低;阀片损坏;阀座与阀片接触不良;气阀弹簧损坏或者弹簧太弱、漏装;气缸、活塞环磨损过大;缸盖和缸体接触不良导致漏气;滤器堵塞或气阀通道积碳过多;吸气阀弹簧太强;余隙容积太大;气缸冷却不良;吸气温度太高等。

(2)故障处理

针对上述故障原因采取相应的处理措施,如提高电机转速;修复或者更换阀片;处理阀座与阀片接触面,改善接触情况;更换合适的弹簧;更换活塞环,修复缸盖和缸体的接触面;清理过滤器,清除积碳;调整减小余隙容积;检查清理散热装置等。

2. 级间压力高于或低于正常值

(1)级间压力高于正常值的原因及处理措施

①故障原因。后一级出口不畅,排气量减小;级间冷却不良;高压缸排气经活塞环漏入低压缸。

②处理措施。清理后一级的出口;检查冷却措施,排除冷却故障;检查活塞环的磨损及其他损坏情况,进行修复。

（2）级间压力低于正常值的原因及处理措施

①故障的原因。级间气体外漏；前一级排气量减小。

②处理措施。检查更换密封装置；检查前一级排气情况，清理排气口。

3. 排气温度过高

（1）故障原因

排气温度过高是指活塞式空压机排气温度比设置的温度高。排气温度一旦过高，很容易造成空压机故障以及损坏后续用气设备。其原因有：进气温高；中间冷却效率低，或者中冷器内水垢结多影响散热；气阀漏气，活塞环漏气；水冷式机器，缺水或水量不足等。

（2）处理措施

处理的措施有：设法降低进气温度，检查清理中间冷却器；检查更换气阀、活塞环；加冷却水等。

4. 不正常的敲击声

（1）故障原因

若压缩机的某些部件发生故障时，将会发出异常的响声。活塞与缸盖间隙过小，直接撞击；活塞杆与活塞连接螺帽松动或脱扣，活塞向上串动碰撞气缸盖，气缸中掉入金属碎片以及气缸中积聚水分等均可在气缸内发出敲击声。曲轴箱内曲轴瓦螺栓、螺帽、连杆螺栓、十字头螺栓松动、脱扣、折断等，轴径磨损严重间隙增大，十字头销与衬套配合间隙过大或磨损严重等均可在曲轴箱内发出撞击声。排气阀片折断，阀弹簧松软或损坏，负荷调节器调整不当等均可在阀腔内发出敲击声。

（2）处理措施

根据故障的原因，检查有无零件损坏和松动，更换损坏零件，拧紧联接螺栓。

5. 过热故障

（1）故障原因

在曲轴和轴承、十字头与滑板、填料与活塞杆等摩擦处，温度超过规定的数值称为过热。过热所带来的后果为一是加快摩擦副间的磨损；二是过热量的热不断积聚直致烧毁摩擦面以及烧爆而造成机器重大的事故。造成轴承过热的原因主要有：轴承与轴颈贴合不均匀或接触面积过小；轴承偏斜，曲轴弯曲、扭曲；润滑油黏度太小，油路堵塞，油泵有故障造成断油等；安装时没有找平，没有调好间隙，主轴与电机轴没有找正，两轴有倾斜等。

（2）处理措施

通过检查轴承与轴颈情况、轴承及曲轴的尺寸形状精度、润滑油的型号及品质、油泵及管路、安装精度，更换或者修复不合格的零件，重新安装找平找正。

● 任务实施

给如图4-11所示的空压机作体检。

①启动空压机，观察运行情况，待运转正常后读取气压指示表压力值并记录。

②检查空气滤清器是否清洁、完好,进气管是否有扭结、变形情况。

③检查润滑系统,润滑油道是否畅通,检查润滑油质量,并与使用标准作比较。

④检查各紧固件是否有松动。

⑤检查密封情况,是否存在渗透和泄漏。

⑥清洗吸排气阀,除去油垢和焦油并检查气阀密封性。

⑦写出检查报告,判断是否存在故障并判断原因。

图4-11 微油活塞空压机

●知识拓展

离心式空气压缩机常见故障

离心式空气压缩机常见故障有以下类型:

①异常振动和噪声。

②轴承故障。

③油密封环和密封环故障,密封不稳定。

④压缩机性能达不到要求。

⑤压缩机喘振。

⑥压缩机叶轮破损。

⑦压缩机漏气。

⑧压缩机流量和排出压力不足等。处理的措施和离心式水泵及活塞式压缩机类似。

任务4.4 往复式空压机的拆装与检查

●知识目标

1.进一步掌握活塞式空压机的结构。

2.掌握空压机的维护保养常识及使用注意事项。

3.了解主要零件的技术标准。

●技能目标

1. 能够准确规范地拆装空压机。
2. 会正确检测零件。

●任务引入

通过前面的学习,掌握了活塞式空压机的结构原理,可能出现的故障及原因。本任务通过实际动手拆装、测量等操作,进一步熟悉结构,掌握拆装、清洗、测量的实际工作技能。

●主要知识内容

一、拆卸

1. 拆卸前的准备
①熟悉活塞式压缩机的构造,了解损伤部位。
②确定拆装方法、程序和使用的工具,准备拆卸场地。
③清理、清洗零部件。
④确定零部件修理、修复方法。

2. 拆卸的顺序
拆卸顺序与装配顺序相反,一般按照先外后内,先上后下的原则。
①先将机身油池内的润滑油放净。
②拆去进排气管、减荷阀、冷却水管,检查结垢和腐蚀。
③拆下中间冷却器。
④拆下各级进、排气阀阀盖,取出各级进、排气阀。
⑤拆下一、二级气缸盖。
⑥拧下活塞螺帽,取下活塞;拧松十字头端螺帽,拆下活塞杆。
⑦吊住气缸,拧下中体与机身的联接螺帽(二级缸还要拧下气缸支座连接的螺栓),取下气缸和中体。
⑧拆下十字头帽,取出十字头。
⑨拧下连杆螺帽,取出连杆螺栓及连杆。
⑩卸下大皮带轮。
⑪拆卸轴承盖取出曲轴。

3. 拆卸的注意事项

①拆卸前须准备好扳手等专用工具及做好放油等准备工作。

②拆卸时要有序进行,先拆部件后拆零件。

③拆卸螺栓、螺母时,应使用专用扳手;拆卸气缸套和活塞连杆组件时,应使用专用工具。

④对拆下来的零件,按零件上的编号(如无编号,应自行编号)有顺序地放置到专用工作台上,切不可乱堆乱放,以免造成零件表面的损伤。

⑤对于固定位置不可改变方向的零件,都应画好装配记号,以免装错。

⑥拆下的零件要妥善保存,细小零件在清洗后,即可装配在原来部件上以免丢失,并注意防止零部件锈蚀。

⑦对拆下的水管、油管、气管等,清洗后要用木塞或布条塞住孔口,防止进入污物。对清洗后的零件应用布盖好,以防止零件受污变脏,影响装配质量。

⑧对拆卸后的零部件,组装前必须彻底清洗,并不许损坏结合面。

二、零件的技术要求与检测

零件的技术要求,不同型号的空压机有所不同,检测时须参照具体型号参数进行,没有具体参数时可以参照下面的要求进行。

1. 机座与本体

①机座的纵向和横向水平度偏差不得超过规定值。

②曲轴箱清洗干净。

2. 曲轴

对曲轴进行探伤或放大镜检查,不允许有裂纹、明显划痕等缺陷;主轴颈与曲轴颈擦伤凹痕面积不得大于轴颈面积的 2% ;轴颈上沟槽深度不得大于 0.1 mm;主轴颈与曲柄销最大磨损量不超过规定值。

3. 轴瓦和滚动轴承

①轴承合金与瓦壳结合必须良好,不应有裂纹、气孔和分层,表面不允许有碰伤划痕等缺陷。

②轴瓦与轴应均匀接触,用涂色法检查时不小于 $2 \sim 3$ 个/cm^2 色印;瓦壳应与机体或连杆大小头体均匀接触,用涂色法检查时接触面积不小于 70% 。

③检测连杆大头瓦与曲柄销之间的径向间隙小于规定值。

④检测连杆小头瓦与十字头销之间的径向间隙小于规定值。

⑤滚动轴承应转动灵活无杂音,滚子和内外圈的滚动面应无锈蚀、麻点等缺陷。

4. 连杆

①连杆大小头瓦中心线的平行度不大于 0.03 mm/100 mm。

②连杆螺栓必须用放大镜或探伤检查是否有裂纹,连杆螺栓拧紧时的伸长不超过原有长度的 1‰,残余伸长超过原有长度的 2‰时应更换。

5. 活塞销、十字头、十字头销和滑道

①活塞销、十字头和十字头销应用放大镜或探伤检查有无裂纹。

②十字头外径与滑道之间的间隙合适,如 LW-22/7 型空压机为 0.22 ~ 0.306 mm,超过极限间隙应进行调整或修理。十字头滑板与滑道应接触均匀,面积不少于 70%,不少于 2 个/cm² 色印。

③十字头销和活塞销的径向最大磨损不允许超过 0.15 mm,圆柱度不允许超过 0.03 mm。

6. 活塞杆

①活塞杆应进行探伤或放大镜检查不允许有裂纹。

②活塞杆的圆柱度不允许超过 0.03 mm,直径缩小不超过 0.10 mm。

③活塞杆的直线度不大于 0.05 mm/m。

7. 密封填料和刮油环

①密封元件应光洁、无划痕、损伤等缺陷。

②密封圈与活塞杆应均匀接触,接触面积不少于 80%,不少于 5 ~ 6 个/cm² 色印。

③填料轴向端面应与填料盒均匀接触。

④隔环与压紧环之间应保证一定的轴向窜动,一般控制为 0.11 ~ 0.15 mm。

⑤刮油环与活塞杆接触面不允许有沟痕和损坏,接触线应均匀分布,且大于圆周长的 80%。

8. 气缸

①气缸内壁表面应光洁、无裂纹、砂眼、锈疤和拉毛。若运转后发现拉毛出现沟槽,其超过 1/4 圆周或沟槽深度超过 0.2 ~ 0.5 mm 应镗缸或镶缸套。

②检查气缸的圆柱度、均匀磨损值超过规定的范围,应该镗缸或镶缸套。

③气缸经过多次镗缸后,其缸径的扩大值不得超过原缸径的 1%,如比原气缸内径超过 2 mm 时,应另外配制活塞及活塞环。

④气缸的水平度或垂直度偏差不得超过 0.05 mm/m。

⑤气缸与滑道的同轴度不大于 0.05 mm/m。

⑥气缸水压试验压力一般为 5 kg/cm²,但不小于 3 kg/cm²,不允许渗漏。

9. 活塞与活塞环

①活塞与活塞环表面应光滑无裂纹、砂眼、伤痕等缺陷。

②测量活塞与气缸的安装间隙,其磨损值不得超过规定值。

③活塞中心与活塞孔中心的同轴度不大于 0.02 ~ 0.05 mm,活塞杆孔的中心与活塞轴肩支撑面的垂直度不大于 0.02 mm/100 mm。活塞环槽两端面应垂直于活塞杆孔,其垂直度不大于 0.02 mm/100 mm。

④活塞环在专用检验工具内,其径向间隙不大于 0.03 mm,并用灯光检验时整个圆周上漏光不多于两处,总长不超过 45°,且距开口处不小于 30°。

⑤活塞环的端面平面度不大于 0.05 mm。活塞环弹力允许偏差±20%。

⑥活塞环装于活塞环槽内应能灵活转动一圈。活塞环安装时其相邻活塞环的接口应错开 120°,且尽量避开进气口。

10. 阀片与阀座
①阀片表面应平整光洁,不允许有变形、裂纹、划痕等缺陷。
②阀座密封面不应有划痕、麻点,阀片与阀座应接触良好。
③气阀弹簧不允许倾斜,同一阀片的弹簧自由长度的相差不超过 1 mm。
④气阀组装完毕后用煤油试漏,5 min 不超过 5 滴。

三、装配

1. 注意事项
①装配前应将油封零件清洗干净,凡填充聚四氟乙烯材料制造的活塞环、导向环、密封环等零件只能用中性汽油或挥发性好的油清洗,晾干后装配。消声过滤器用碱水清洗,再用清水冲净或用压缩空气吹净。
②装配时,气缸镜面、活塞杆等无油润滑表面应严格无油,并应在其表面上涂一层 0 号二硫化钼或高级石墨,但多余的粉末必须吹除。特别注意各级气阀的铁锈和炭黑,严防尘埃、灰尘落入气缸。
③装配后应检查并调整活塞的上下止点的间隙、活塞和气缸的径向间隙。
④装配时曲轴、连杆、十字头、机身滑道等各摩擦部位应涂以适当的机油。
⑤装配连杆螺栓和螺母时,不允许用加长手柄。
⑥装配的步骤按拆卸的相反顺序进行。
2. 活塞式空压机的装配结构
活塞式空压机的装配结构如图 4-12 所示。
3. 装配的顺序
(1)清洗零件
①对零件螺孔、输油孔、气道里面的铁屑、脏物,用压缩空气吹净。
②用煤油、汽油或柴油清洗零件后,有条件的应立即进烘箱烘干,无条件的要立即用干布擦干净,并抹上冷冻油。
③将全部橡胶石棉垫片在冷冻油中浸泡。
(2)活塞连杆装配
将活塞在 100 ℃的油温中加热 3 ~ 5 min,再将连杆小头插进活塞销孔中,三眼对直插入活塞销,装上弹簧挡圈、活塞环。注意在气环和油环装配前,应打去毛刺,先装油环,后装气环于活塞上。
(3)阀板组装配
①研磨阀片,磨到阀线无明显刻痕,然后清洗擦干,抹上冷冻油。
②装阀板,检验阀片表面上的密封性。
(4)装曲轴
将曲轴从后盖孔推进前轴承。注意曲轴前后轴颈要抹上冷冻油才能装配,曲轴装好后要转动几圈看是否灵活,如不灵活则要进行检查,并予以纠正。

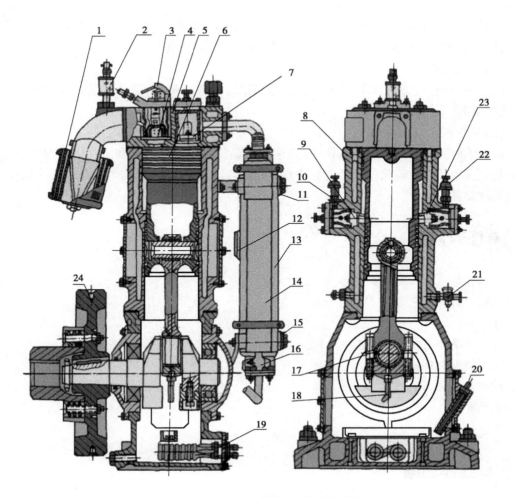

图 4-12　CZ60/30 型空压机的装配结构

1—空气滤清器；2—滴油杯；3—卸载机构；4——级吸气阀；5—气缸盖；6—活塞；7——级排气阀；
8—气缸；9—二级吸气阀；10——级安全阀；11,15—防蚀锌棒螺塞；12—安全膜；13—冷却器；
14—液气分离器；16—泄放阀；17—曲轴；18—击油勺；19—滑油冷却器；20—油尺；21—泄水旋塞；
22—二级安全阀；23—二级排气阀；24—飞轮（兼联轴器）

（5）装活塞连杆组

在装活塞连杆组时，将装好的活塞连杆组拆开活塞连杆组的连杆大头盖，将这两半合在曲柄销上，用螺栓和开口螺母分别均匀旋紧。边旋转主轴边装活塞连杆组。

注意要核对大头边上的记号，看清吸气阀片的位置，确保方向不可装错。

（6）装后盖和润滑油泵

①先将后轴承装进后盖孔中。

②将传动销和油泵传动块装入偏心孔上。

③将后盖装上抹上冷冻油的石棉垫片，然后整个地推入曲轴箱的后盖孔中。

④在后盖的油泵内腔里，装入转子泵的内外转子，再装垫片和泵盖。

注意后盖上的油压调节孔要转到向上位置;旋紧后盖螺栓和泵盖螺栓时,都要均匀地逐步旋,至少3次才能旋紧;在旋螺栓时要不断转动曲轴,以防轧住现象。

(7)装阀板组

放上吸气阀片,放上抹油的垫片,合上阀板组,再放上垫片,盖上缸盖。注意气缸盖有高、低压方向,不可装错。

(8)装气缸盖及前盖

装前盖时先将转子装进前盖孔中,并移动使定位孔与定位销对准。再垫上橡胶石棉胶片后整个前盖装在曲轴箱前盖孔中。注意对称均匀地旋螺栓,分别均匀地对称旋3次以上,才准对称旋紧。

●任务实施

①工作场地与工具器材准备。

②拟定拆卸工艺步骤。

③拆卸。

④零件清理与清洗。

⑤关键零部件检测。

⑥拟定装配工艺步骤。

⑦装配。

●技能拓展

1. 离心式空气压缩机的拆卸

离心式空气压缩机的拆卸按以下顺序进行。

①准备工作。

②连接件的拆卸。

③缸盖及内件的拆卸。

④转子的拆卸。

⑤缸体的拆卸。

2. 注意事项

拆卸时,要做好标记,记录好原始安装位置,以防止回装时出现漏装、错装、错位、倒向等错误的发生。拆下零件应摆放整齐,对拆卸后暴露的油孔、油管等应及时妥善封闭,严防异物落入,一旦有异物掉入,必须尽一切办法取出。典型的离心式空压机如图4-13所示。

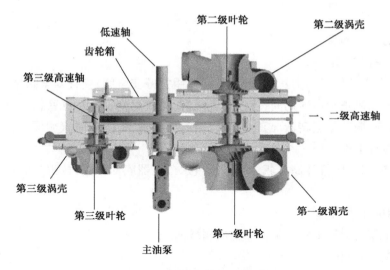

图 4-13　阿特拉斯离心式空压机

任务 4.5　空压机的使用维护

●**知识目标**

掌握空压机的维护保养常识及使用注意事项。

●**技能目标**

1. 会正确启动、运转和停车。
2. 能够对空压机进行规范保养。

●**主要知识内容**

为了使空气压缩机能正常运转,延长使用寿命,应实行定期维护与检修制度。维护检查、定期修理与工作条件有关,使用者可根据实际情况延长或缩短。

1. 每班的检查和保养

①做好开机前的准备。

②启动后,当储气罐压力达到额定值时,用手打开安全阀,检查安全阀是否灵敏。

③空气压缩机正常运转期间,应注意各级进、排气温度、压力、气密情况、润滑油压力、润滑油温度、声响、振动等运转情况是否正常,若有异常现象,应及时查明原因并排除。以上内容应 2 小时检查 1 次。

④每班停机后,应打开储气瓶、中冷器、气水分离器底部开关,放出凝集的液体并擦净及其外表面。

2. 运转 100 h 的保养

新空气压缩机运转 100 h 左右应更换润滑油。

3. 运转 300 ~ 350 h 后的检查内容

运转 300 ~ 350 h 后的保养包括以下内容。

①进行每班保养的作业内容。

②清洗润滑油进油口滤网;清洗机油滤清器滤芯。

③向风扇皮带轮轴承和传动装置轴承加注润滑脂。

④清洗并检查进、排气阀,除去油污及积碳。检查阀片、缓冲片和弹簧片是否裂纹或挠曲不平,阀座密封带是否完好,若不符合要求应予以修理或更换。

⑤检查连杆螺栓有无松动,清扫空气滤清器。可用压力小于 0.3 MPa 的压缩空气从内向外将滤清器滤芯上的积尘吹掉。

⑥检查滤芯是否损坏。在滤芯内放一盏灯,用手转动滤芯,观察漏光情况,若有损坏,应立即更换。

4. 运转 1 000 h 后的检查和保养

运转 1 000 h 后的检查和保养包括以下内容。

①进行运转 300 ~ 350 h 后的检查内容。

②更换曲轴箱内润滑油,清洗油池;清洗、检修柱塞泵和油管。

③检验气压表和油压表,并清洗其管路。

④清洗活塞、活塞环和气缸,并检查磨损情况。

5. 每年检修一次空气压缩机

每年检修一次空气压缩机包括以下内容。

①进行运转 1 000 ~ 1 100 h 后的保养内容。

②清除中冷器和后冷器散热片上的积垢。

③测量各摩擦面的配合间隙,超过磨损极限时应更换。

④清洗空气压缩机、后冷器、气水分离器和储气罐间的管路和储气灌内部,将积碳、积尘清除干净。

⑤校验安全阀。

●任务实施

1. 启动、运转和停机操作

①启动

a. 进行外部检查,注意螺栓等紧固件是否松动。

b. 人工盘车 2~3 转,检查是否有卡阻现象。

c. 开动冷却水泵向冷却系统供水,并检查水量。

d. 检查润滑情况,如不够加注润滑油。

e. 关闭减荷阀,打开吸气阀,并把空压机调至空载启动位置。

f. 启动电动机,并注意电动机的旋向是否正确。

g. 待运转正常后逐渐打开减荷阀。

②运转

a. 运转中注意各部声响和振动情况。

b. 检查油池油量。

c. 运转 2 h 后排放滤清器内油水一次。

d. 如出现异常立即停车。

③停机

a. 逐渐开启减荷阀,使空压机进入空载状态。

b. 切断电源,停止运转。

c. 逐渐关闭冷却水进水阀门,使冷却水泵停止运转(冬季要把水全部放掉)。

d. 放出末级排气管处的压气。

2. 保养

给 2 V—5.5/12 型空压机做运行 350 h 后的保养。

①确定保养的内容,制订工作计划。

②按照计划逐项进行。

●知识拓展

几个辅助部件不做维护会导致的后果

1. 隔尘网不做维护会导致的结果

空滤过早被堵塞;使吐出温度上升而异常停止;冷却器过早被堵塞;使冷却功能下降而造成冷却风扇的节能效果降低。

2. 空滤不做维护会导致的后果

空气产气量减少压力下降;会加快油劣化的速度;会使油雾分离器堵塞而造成空压机异常停止或使消费电量增大而造成电费损失;会让油滤堵塞,使油中的杂质增多而造成压缩机本体轴承的提早磨损与损坏。

3. 油过滤器不做维护会导致的后果

会让油滤堵塞,使油中的杂质增多而造成压缩机本体轴承的提早磨损与损坏;给油量减少使空压机吐出温度上升而造成异常停机;油路系统内部变脏。

4. 油雾分离器不做维护会导致的后果

吐出温度上升(异常停止);过电流(异常停止);消费电量增大(电费的损失);因油温度上升使油加速劣化;在生产线上有油排出(油消费量大);如有大量杂质堆积的话会发生烧坏事故。

项目 5

螺杆式空压机维护与检修

任务 5.1　螺杆式空压机的结构与工作原理

知识目标

1. 认识螺杆压缩机的基本结构。
2. 掌握螺杆压缩机的工作原理。
3. 掌握螺杆式空压机主要零部件的结构特点。

技能目标

会正确检测螺杆式空压机的主要零部件,能正确判断其技术状态,分析其结构特点与作用。

任务引入

螺杆压缩机是由瑞典皇家工学院教授 Lysholm 于 1934 年发明的。由于设计、制造水平的限制,20 世纪 60 年代以前螺杆压缩机发展比较缓慢。60 年代初喷油技术被引入螺杆压缩机,降低了螺杆转子加工精度的要求,同时对机组的噪声、结构、转速等产生了有利影响。目前喷油螺杆压缩机已成为空气动力、制冷空调行业中的主要机型,在中等容积流量的空气动力装置及中等制冷量的制冷装置中,螺杆压缩机在市场上已占领先地位。

本任务要求观察螺杆式空压机各零部件,掌握其结构特点、作用和技术要求,测量关键零件的技术参数并绘制参数表格。

 ●主要知识内容

一、基本结构

通常所说的螺杆压缩机即指双螺杆压缩机,它的基本结构如图5-1所示。在压缩机的主机中平行地配置着一对相互啮合的螺旋形转子,通常把节圆外具有凸齿的转子(从横截面看),称为阳转子或阳螺杆;把节圆内具有凹的转子(从横截面看),称为阴转子或阴螺杆。一般阳转子作为主动转子,由阳转子带动阴转子转动。转子上的球轴承使转子实现轴向定位,并承受压缩机中的轴向力。转子两端的圆锥滚子推力轴承使转子实现径向定位,并承受压缩机中的径向力和轴向力。在压缩机主机两端分别开设一定形状和大小的孔口,一个供吸气用的称为吸气口;另一个供排气用的称为排气口。

图5-1　螺杆式空压机内部结构

二、工作原理

螺杆空压机的工作循环可分为吸气过程(包括吸气和封闭过程)、压缩过程和排气过程。随着转子旋转每对相互啮合的齿相继完成相同的工作循环,为简单起见现只对其中的一对齿进行研究。

1.吸气过程

吸气过程如图5-2所示。

随着转子的运动,齿的一端逐渐脱离啮合而形成了齿间容积,这个齿间容积的扩大在其

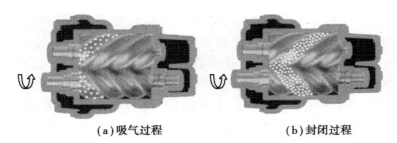

（a）吸气过程　　　　　　　　　　（b）封闭过程

图 5-2　吸气过程

内部形成了一定的真空,而此时该齿间容积仅仅与吸气口连通,因此气体便在压差作用下流入其中。在随后的转子旋转过程中,阳转子的齿不断地从阴转子的齿槽中脱离出来,此时齿间容积也不断地扩大,并与吸气口保持连通。随着转子的旋转齿间容积达到了最大值,并在此位置,齿间容积与吸气口断开,吸气过程结束。

吸气过程结束的同时阳转子的齿峰与机壳密封,齿槽内的气体被转子齿和机壳包围在一个封闭的空间中,即封闭过程。

2. 压缩过程

压缩过程如图 5-3 所示。

随着转子的旋转,齿间容积由于转子齿的啮合而不断减少,被密封在齿间容积中的气体所占据的体积也随之减少,导致气体压力升高,从而实现气体的压缩过程。压缩过程可一直持续到齿间容积即将与排气口连通之前。

图 5-3　压缩过程

图 5-4　排气过程

3. 排气过程

排气过程如图 5-4 所示。

齿间容积与排气口连通后即开始排气过程,随着齿间容积的不断缩小,具有内压缩终了压力的气体逐渐通过排气口被排出,这一过程一直持续到齿末端的型线完全啮合为止,此时齿间容积内的气体通过排气口被完全排出,封闭的齿间容积的体积将变为零。

从上述工作原理可以看出,螺杆压缩机是通过一对转子在机壳内作回转运动来改变工作容积,使气体体积缩小、密度增加,从而提高气体的压力的。

三、螺杆式空压机的构成

螺杆式空压机的构成如图 5-5、图 5-6 所示。

一台喷油螺杆空压机组主要由主机和辅机两大部分组成,主机包括螺杆空压机主机和主电机;辅机包括排气系统、喷油及油气分离系统、冷却系统、控制系统和电气系统等。

在进排气系统中,自由空气经过进气过滤器除去尘埃、杂质后,进入空压机的吸气口,并在压缩过程中与喷入的润滑油混合。经压缩后的油气混合物被排入油气分离桶中,经一、二次油气分离,再经过最小压力阀、后冷却器和气水分离器被送入使用系统。

在喷油及油气分离系统中,当空压机正常运转时,油气分离桶中的润滑油依靠空压机的排气压力和喷油口处的压差来维持在回路中的流动。润滑油在此压差的作用下,经过温控阀进入油冷却器,再经过油过滤器除去杂质微粒后,大多数的润滑油被喷入空压机的压缩腔,起到润滑、密封、冷却和降噪的作用;其余润滑油分别喷入轴承室和增速齿轮箱。喷入压缩腔中的那一部分油随着压缩空气一起被排入油气分离桶中,经过离心分离绝大多数的润滑油被分离出来,还有少量的润滑油经过滤芯进行二次分离,被二次分离出来的润滑油经过回油管返回到空压机的吸气口等低压端。

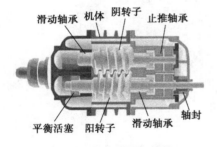

图5-5 制冷压缩机结构

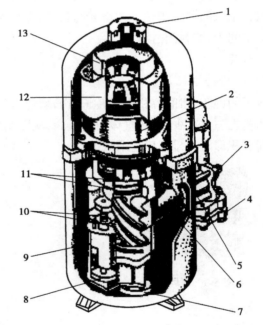

图5-6 全封闭螺杆式压缩机结构图

1—排气孔口;2—内置电动机;3—吸气截止阀;4—吸气口;
5—吸气止回阀;6—吸气过滤网;7—过滤器;8—输气量调节油活塞;
9—调节滑阀;10—阴阳转子;11—主轴承;12—油分离器;13—挡油板

1.润滑油的作用

①冷却作用。作为冷却剂,它可有效控制压缩放热引起的温升。

②润滑作用。作为润滑剂,它可在转子间形成润滑油膜。

③密封作用。作为密封剂,它可填补转子与壳体以及转子与转子之间的泄漏间隙。

④降噪作用。喷入的油是黏性流体,对声能和声波有吸收和阻尼作用,一般喷油后噪声或降低 10 ~ 20 d(A)。

2. 最小压力阀的作用

①保证最低的润滑油循环压力。

②作为止回阀,以避免在空压机停机或无负荷的情况下,供气管线内的压缩空气回流到机组内。

③保证油气分离器滤芯前后有一定的压差,以免刚开机时滤芯前后压力差过大造成挤破的现象。

3. 温控阀的作用

维持润滑油温高于压力露点温度以上,以免空气中的水分析出。

4. 油气分离桶的作用

①作为初级油气分离的装置,它可将直径大于 1 μm 的油滴采用机械碰撞法被有效地分离出来。

②作为空压机润滑油的储油器。

③作为油气分离器滤芯的支撑体,该滤芯可将直径 1 μm 以下的油滴先聚结为直径更大的油滴,然后再分离出来。

①仔细观察测量阴转子、阳转子、机体、平衡活塞、滑动轴承、止推轴承、轴封等零件的形状,文字分析各零件的结构、功能、零件之间的配合关系及技术要求,绘制表格填入相应关键尺寸、配合关系及其他技术要求。

②绘制螺杆式空压机的结构简图。

了解滑片式压缩机、离心式压缩机的基本原理。

简单绘制滑片式和离心式压缩机的工作原理图。

任务 5.2　螺杆式空压机的故障分析处理

●知识目标

1. 掌握螺杆式空压机常出现的故障及其原因。
2. 掌握螺杆式空压机常见故障的处理方法。

●技能目标

能够识别螺杆式空压机的故障类型及原因,会排除简单的故障。

●任务引入

螺杆式空气压缩机是一种回转的容积式压缩机,通过工作容积的缩小进行气体压缩,除了两个回转的螺杆转子外,没有其他运动部件,具有回转式压缩机(如离心式压缩机)和往复式压缩机(如活塞式压缩机)各自的优点,如体积小、质量轻、运转平稳、易损件少、效率高、单级压比大、能量无级调节等,在压缩机行业中得到迅速发展及应用。

本任务通过分析判断、排除老师设置的故障,全面熟悉故障及其解决方法。

●主要知识内容

一、常见故障

1. 压缩机不能正常启动或正常运行

进行以下项目检查和故障原因分析。

①断电后盘动电动机是否转动灵活。

②检查输入电源电压不能低于额定值的10%,且三相电流不平衡误差小于5%。

③三相电源空气开关是否接触不良,缺相故障。

④保险继电器、时间断电器、交流接触器接触故障。

⑤减荷阀故障关闭不严或卡死,造成开机进气量过大,引起过载跳闸。

⑥水路水压偏低,水压保护不能启动。

2. 机组工作压力建立不起来

进行以下项目检查和故障原因分析。

①减荷阀故障卡死,不动作。

②减荷阀上的控制电磁阀故障或损坏。

③加载开关故障,减荷阀上的电磁失电使减荷阀未开启。

④减荷阀上的比例调节阀失控或压力开关设定上限值不准确,减荷阀提前关闭。

⑤传动皮带过松打滑,主机转速不足,供气量减少。

⑥空气过滤器堵塞严重。

⑦用气量超过主机额定排气量或管网漏气。

⑧压力回送管松动漏气。

⑨最小压力阀失灵、卡死、漏气。

3. 机组排气温度过高从而自动停机

进行以下项目检查和故障原因分析。

①润滑油储油量不足,加注新油保持油位正常高度。

②油过滤器堵塞严重或压差发讯器失控。

③温控阀失控或卡死。

④油冷却器风道堵塞或水垢严重。

⑤润滑油变质黏度增大,主机润滑油和冷却效果降低,需更换新油。

⑥环境温度偏高或冷却水流量不足造成机组排气温度升高。

⑦润滑油规格不对,冷却效果差。

⑧温度开关故障,温度探头失灵。

⑨风扇电动机不运转。

4. 机组压力超高断开停机或安全阀开启放气

故障原因主要如下所示。

①压力开关设定上限超过额定工作压力。

②油气分离器滤芯严重堵塞。

③减荷阀故障或电磁阀失控造成关闭失灵,卸载失控。

5. 停机后润滑油从吸气口溢出

其可能的故障原因如下所示。

①减荷阀密封失效或复位弹簧断裂。

②压缩机主机断油阀故障或弹簧断裂。

6. 机组运行耗油量过大

从机组水分离器排出的冷凝水为乳白色(即为排气含油量偏高的原因),其原因如下所示。

①润滑油加注过量,不利于一次分离和加重精分器滤芯的负荷。

②滤芯回油管路单向阀堵塞,回油失效。

③精分离滤芯安装不正确或芯子损坏短路油分离失效。

④使用添加润滑油油品不一样,非专用油分离效果差。

7. 机组运行排气低于 70 ℃

①排气温度偏低时,对于水冷机型可以通过减少冷却水流量。

②温控阀失灵,可通过给温控阀阀芯弹簧加垫片适当增加弹力解决。

③空载过久。

二、空压机配件故障引起的后果

1. 油气分离器堵塞的后果

①油罐压力升高安全阀排气喷油。

②出气压力降低。

③电动机电流升高。

④造成空压机停机。

⑤因为压力过大致使油气分离器破损而造成冷却油流失。

2. 油过滤器堵塞的后果

①转子出口温度升高。

②润滑油寿命缩短。

③出气压力降低。

④电动机电流升高。

3. 油冷却器堵塞的后果

①转子出口温度升高。

②电动机因高温过载。

③润滑油无法冷却高温停机。

4. 空压机散热不良的后果

①转子出口温度升高。

②造成电动机过载。

③造成风扇电动机过载。

④润滑油冷却效果差。

⑤空气出口温度上升造成冷干机负荷过大。

5. 最小压力逆止阀故障的后果

①机器启动后油罐无法上升而造成空压机无法负载。

②出口空气含油量大。

③现场空气倒灌回机台内部,空车时油罐压力无法下降及停车造成空压机喷油。

④减荷阀无法关闭。

⑤造成空压机在卸荷后压力继续上升,从而导致安全阀放气。

⑥停机时润滑油会从进气口倒灌回来。

●任务实施

复盛 SA37A 双螺杆式空压机排气温度高,自行跳闸,排气高温指示灯亮(超过设定值 100 ℃)。

［例］

分析能够引发该故障的原因有:

①润滑油规格不正确。

②润滑油量不足。

③环境温度高。

④热控阀故障。

⑤空气滤清器不清洁。

⑥油过滤器堵塞。

⑦冷却风扇故障。

⑧风冷冷却器风道堵塞。

经过检查,立即排除了①、②、③、⑤、⑥、⑦的几种可能。只剩下④、⑧两项,因此应对这两项逐一排除。

①确认是否为机器测温元件有故障,用测温仪器进行校对,发现测温元件无问题。

②检查油冷却器进出口的温差,是否为 5～8 ℃。结果发现检测温度大于此范围,说明机油流量不足、油路有堵塞或热控阀未完全开启。因为已经检查了机油滤清器,否定了油路有堵塞,因而应检查热控阀是否正常。

③取出热控阀内阀套,将它放在 100 ℃ 左右的开水中浸泡,发现阀芯伸出 10 mm 左右,说明阀芯内部正常。仔细检查发现热控阀阀套外部的两端有多处划痕,可能由油路中的杂质引起,这些划痕造成热控阀阀套在伸缩过程中有阻力,弹簧不能够完全把它顶开,导致油无法通过油冷却器冷却。

④更换热控阀,设备恢复正常。

●知识拓展

螺杆式空压机的冷却系统

在极限环境温度下,主机排气温度为 102～110 ℃,通过冷却系统带走 80% 的压缩机热量,同时起到润滑转子和轴承、密封转子,提高压缩机效率的作用。

冷却系统通过冷却器、温控阀、过滤器、断油电磁阀、止逆阀等组成冷却回路,如图5-7所示。

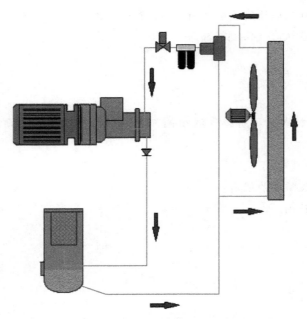

图 5-7　螺杆式空压机冷却系统

任务 5.3　螺杆式空压机的维护与保养

●知识目标

1. 了解定期检查注意事项。
2. 掌握例行日常检查。
3. 掌握定期检修的内容。
4. 了解各部分零件更换的步骤及注意事项。

●技能目标

1. 正确启动、运转和停车。
2. 能够对空压机进行规范保养。

 **●任务引入**

为了延长空压机的使用寿命,应定期对其进行日常保养与检修。

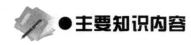 **●主要知识内容**

一、定期检查时注意事项

①在实施检查设备前,先解下电源线。若要打开油气桶等带压设备时,请确认内部无残压,以免高温油气喷出。在检查设备时,在显眼的地方挂上"检查设备中"的标示牌。

②检查设备时请使用适当的工具。如果使用不适当的工具,作业中会因为工具打滑等原因而发生意想不到的伤害事故。

③压缩机机油的更换,原则上按照所规定的更换时间进行。但是,在未到规定的更换时间之前机油已经很脏的情况下要提前更换。压缩机螺杆机油必须全部更换,并且使用指定的机油。

④不能混用不同品牌的机油,否则会导致螺杆机油的性能劣化。

⑤机器的废液中含有有害物质,不要使其随便流入地面导致环境的污染。

二、例行日常的检查和记录

1. 日常巡检应在每天清晨开始前进行,应着重注意观察以下项目

①操作装置、仪表是否正常。

②机油油量以及清洁度有无问题。

③外观、声音、发热等方面有无异状。

④螺栓、螺母是否松动。

⑤结构件、部件等有无损坏、磨耗、脱落。

⑥各部件动作是否正常。

准备好运行日记,定期进行各部件检查、记录,这样可以早期发现压缩机的异常,防患于未然。

做好排气压力、油位、运行时间及相应的设备维护项目、机油的补充等记录。

2. 定期检修设备

(1)每日或每次运转前

①检查螺杆机油油位。

②检查油气桶内冷凝水的排放。

③检查各配管连接部位有无松动,配管有无擦伤。

④确认油、气等无泄漏。

⑤确认仪表和报警指示灯动作是否正常。

⑥检查安全阀是否灵敏。

(2)运转500 h

①进行日常检查。

②更换机油,新机使用第一次换螺杆机油与机油滤清器。

(3)运转1 000 h的整备

①检查进气阀动作,拉杆及活动部位,并注油脂。

②更换空气滤清器器芯。

(4)运转1 500 h或半年

①更换伺服气缸膜片(或活塞环)。

②清扫油冷却器。

(5)每运转3 000 h或1年

①更换油细分离器、油细分离器O形圈、油分离器垫片、螺杆机油并清除油垢。

②检查观油镜并拆下洗净。

③电动机加注润滑油油脂。

(6)每运转6 000 h或2年

①清洁进气阀,更换O形环,加注润滑油脂。

②检查电磁阀。

③检查压力维持阀。

④检查油冷却器O形环。

⑤检查温控阀动作是否灵活。

⑥检查各保护是否正常动作。

(7)每20 000 h或4年

①更换机体轴承各油封,调整间隙。

②量测电动机绝缘,应在1 MΩ以上。

3.定期换油和检查设备零部件

螺杆机油:80 L/次,运行500 h第一次,3 000 h第二次,以后1 000 h更换一次。

(1)更换螺杆机油注意事项

①更换螺杆机油时务必停机,在压力表的示数为0 MPa,并且确认油气桶无残留压力后再慢慢地打开加油口盖进行加注。

②使用专用的螺杆机油。

③必须按规定时间更换。

(2)更换螺杆机油的步骤

①将空压机运转,使油温上升,以利排放,然后按下"STOP(OFF)"钮,停止运转。

②打开泄油阀。若系统有压力时,泄油速度很快,很容易喷出,应慢慢打开,以免螺杆机油四溅。

③待螺杆机油泄清后,关闭泄油阀,打开加注油盖注入规定量的新油。

④加油后拧紧加油口盖,注意防止把脏物带入油气桶内。

⑤启动压缩机立即停机,油量不足时请补充。如此进行 2 ~ 3 次,确认油位正确位置。注意只能加入规定的油量,不能加油过多。

机油滤清器和空气滤清器芯:运行 500 h 更换一个,3 000 h 第二次更换,以后每 1 000 h 更换。

(3)机油滤清器的更换步骤

①使用皮带扳手卸下机油滤清器。

②在新的机油滤清器及垫圈上薄薄地涂上一层油,然后安装。

③用手旋转机油滤清器直到垫圈与密封面接触后,用皮带扳手再旋转 3/4 ~ 1 圈的程度。

④机油滤清器安装后,检查是否漏油。

(4)空气滤清器的滤芯清扫方法如下

①只取出"主滤芯"进行清扫。

②清洁过滤器外壳,卸下后盖。

③从外壳中取出主滤芯并进行保养。

④用湿布清洁外壳内侧,注意不要使用压缩空气清除尘埃。

⑤装入新的或清洁过的主滤芯。

⑥装上空滤器后盖,确保集尘袋朝正下方并扣紧后盖。

⑦请在每清扫 3 次"主滤芯"时,更换一次安全滤芯,安全滤芯不可清扫后重复利用。在更换安全滤芯时,不要使杂物进入其内侧。

⑧在恶劣使用环境下,提前取出"安全滤芯"和"主滤芯"进行检查和清扫。不可能清扫修复时需要尽早进行更换。

⑨清扫安装时的注意事项:

a.插入外壳的深处。

b.请注意保持外壳与密封圈相接的面上不要有异物。

油气分离器:运行 3 000 h 更换一个,以后每 1 000 h 更换。更换油细分离器注意在打开油气桶前一定将内部残压泄放掉,确保内部无残余压力后方可进行更换。

(5)更换油气分离器的步骤

①打开机箱系统顶部油气分离器更换窗口,确保系统不带压,然后拆卸如下部件:

a.压力维持阀与供气管之间的螺栓。

b.卡套式管接头以及油气桶盖螺栓,并把油气桶盖螺栓旋入顶丝孔,使油气桶高度提升,拆开油气桶盖,抽出滤芯。

②清洁油气桶盖与油气桶之间的密封表面,注意不要让碎片等杂物落入油气桶内。

③换上新的滤芯。

④将油气桶盖旋至原位,先用手拧紧螺栓,然后分4或5次将螺栓交叉上紧。

⑤重新安装好拆卸的部件。

油气分离器垫片:运行3 000 h更换两个,以后每1 000 h更换。

(6)冷却器的清扫

①冷却器的翅片若被灰尘堵塞,将会导致交换率降低,排气温度上升。即使未到清扫时间,也应根据堵塞的情况适时进行清扫。

②为了防止翅片损伤,清扫时请不要使用高压冲洗机。往以下部位加注油脂:电机端轴承;托杆销;板簧销;半角轴销。

(7)清扫蝶阀

①进气阀应定期清扫。

②高压软管定期检查是否老化。

(8)长期停机时的处理方法

停机3星期以上:

①电动机控制盘等电器设备,用塑胶纸或油纸包好,以防湿气侵入。

②将油冷却器的水完全排放干净。

③若有任何故障,应先排除,以便将来使用。

④几天后再将油气桶、油冷却气的凝结水排出。

停机2个月以上:

除上述程序外,另需作下列处理:

①将所有开口封闭,以防湿气、灰尘进入。

②将安全阀、控制盘等用油纸包好,以防锈蚀。

③停用前将螺杆机油换新,并运转30 min,两三天后排除气桶及冷却器之凝结水。

④将冷却水完全排出。

⑤尽可能将机器迁移到灰尘少且干燥处存放。

开机程序:

①除去机台上塑胶纸或油纸。

②测量电动机的绝缘,应在1 MΩ以上。

③其他程序如试车所述步骤。

 ●任务实施

1. 启动、运转和停机操作

①启动

a. 进行外部检查,注意螺栓等紧固件是否松动。

b. 人工盘车2~3转,检查是否有卡阻现象。

c. 开动冷却水泵向冷却系统供水,并检查水量。

d. 检查润滑情况,如不够加注润滑油。

e. 关闭减荷阀,打开吸气阀,并把空压机调至空载启动位置。

f. 启动电动机,并注意电动机的旋向是否正确。

g. 待运转正常后逐渐打开减荷阀。

②运 转

a. 运转中注意各部声响和振动情况。

b. 检查油池油量。

c. 运转 2 h 后排放滤清器内油水一次。

d. 如出现异常立即停车。

③停 机

a. 逐渐关闭减荷阀,使空压机进入空载状态。

b. 切断电源,停止运转。

c. 逐渐关闭冷却水进水阀门,使冷却水泵停止运转(冬季要把水全部放掉)。

d. 放出末级排气管处的压气。

2. 保养

给复盛 SA37A 双螺杆式空压机型空压机作运行 350 h 后的保养。

①确定保养的内容,制订工作计划。

②按照计划逐项进行。

 ●知识拓展

空压机的油气分离系统,如图 5-8 所示。

(1)空压机的油气分离系统的作用

①将压缩空气从润滑油中分离出来。

②确保润滑油留在系统中。

③降低用户空气管道中的含油量。

(2)其主要部件包括以下内容

①分离筒:储存冷却剂进行初级分离。

②油分离芯:进行油气分离。

③回油管:带走油分离芯过滤层聚集起来的油。

④最小压力阀:进行压力控制。

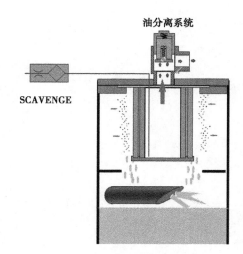

图 5-8 空压机油气分离系统

参考文献

[1] 贾继赏. 机械设备维修工[M]. 北京:机械工业出版社,2012.

[2] 王赛栋,李敏. 泵与风机[M]. 北京:机械工业出版社,2009.

[3] 栢学恭. 泵与风机检修[M]. 北京:中国电力出版社,2008.

[4] 杨务滋. 液压维修入门[M]. 北京:化学工业出版社,2010.